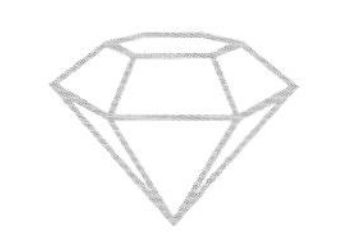

The Knowledge of Diamonds

钻石的学问

◎ 高嘉兴 陈琦 著

上海科技教育出版社

图书在版编目(CIP)数据

钻石的学问 / 高嘉兴，陈琦著. -- 上海：上海科技教育出版社，2024. 10 -- ISBN 978-7-5428-8245-5

Ⅰ. TS933. 21-49

中国国家版本馆CIP数据核字第2024J4B108号

责任编辑　程　着
装帧设计　李梦雪

钻石的学问
高嘉兴　陈　琦　著

出版发行　上海科技教育出版社有限公司
（上海市闵行区号景路159弄A座8楼　邮政编码201101）
网　　址　www.sste.com　www.ewen.co
经　　销　各地新华书店
印　　刷　上海中华印刷有限公司
开　　本　720 × 1000　1/16
印　　张　18.5
版　　次　2024年10月第1版
印　　次　2024年10月第1次印刷
书　　号　ISBN 978-7-5428-8245-5/N · 1226
定　　价　168.00元

FOREWORD I

Consumers of jewelry like diamonds, producers of jewelry like diamonds but often both of them do not know much about this gemstone. With diamonds one may have a life-long affair, so it is not exaggerating to have more basic knowledge about this fascinating material. I think that the diamond book of Jason Kao is precise filling the gap between soft diamond talk and sound gemological diamond science. Written for a wide public, the book has a scope that enlightens the reader and makes him understand the most important things to know, so that he will not be lost with the fuzzy bosh that is often uttered in jewelry shops. Diamonds are so valuable, varied and interesting that this guide in Chinese will fascinate and satisfy a large readership.

Prof. Dr. H.A. Hänni
Professor of Gemmology at University of Basel

序一

钻石不但受到一般珠宝消费者的青睐，业内人员也是如此，但两者对它的认识通常是不够的。钻石与人的情缘往往长达一辈子，因此对这个奇妙物质的基本知识，有必要做更多的了解。这本《钻石的学问》兼顾了轻松的常识和扎实的钻石科学，使大众读者面对业内人员就钻石滔滔不绝而又含糊的说辞时，不至于茫然无措。钻石珍贵，其学问精深而又奥妙，这本中文导读将会满足广大读者的兴趣与需求。

汉尼博士

巴塞尔大学宝石学系教授

FOREWORD Ⅱ

The fascination about diamonds lies beyond their apparent beauty. The more we learn about their formation, their discovery in nature, their microworld of inclusions and their shades of colour, the more fascinating become these treasures of nature.

This book provides a wide range of information for those who are not only fascinated about diamonds but want to learn and understand their beauty. Grading the quality of a diamond is only possible with a sound knowledge about the concepts and terms, which are used in the international diamond trade.

I am convinced this book by Jason Kao is a very helpful guide for a large audience of enthusiasts and gemologists to enter the world of diamonds.

Dr. Michael S. Krzemnicki, FGA
Director and Director of Education, Swiss Gemmological Institute(SSEF)

序二

钻石的迷人之处不止于它美丽的外表。了解越多，越会为之向往，从它们在大自然的发现开始，到其奇妙内含物的微小宇宙，各种缤纷色彩、色调，无不令人神往。

本书为有心了解钻石之美和奥秘的读者提供了丰富的信息和知识，而了解国际钻石行业惯用的观念和专业术语则是成功进行质量分级的不二法门。

我相信这本《钻石的学问》将是有志学习钻石知识人士的优良指南。

克热姆尼基博士

SSEF 瑞士宝石学院院长

序三

谨在此向读者推荐一本实用的专业书籍，这本《钻石的学问》名副其实地印证了“小小钻石，大大学问”的俗谚。

钻石的美丽、稀有与耐久性无须赘述，常言道“钻石的水很深”，百年来，钻石产业经历了戴比尔斯时代，也经历了随后的市场开放阶段。它的价格几度狂涨急落，有人因之积累了巨额财富，也有人为之梦碎，个中窍门，没有相当的学术功力和对市场的深入理解，无法说明白。

本书两位作者针对钻石的方方面面搜集了大量资料，从钻石的形成、开采、切磨、分级、鉴定到市场流通，以深入浅出、引人入胜的语句，编写了这本集科普介绍与学术内涵兼具的工具书。忆起高嘉兴老师多年前的另一著作《彩色钻石》，获“宝石之父”古宝琳博士（Dr. Edward Gübelin）为之作序，而高嘉兴老师与国际钻石报价表发行人雷朋博先生（Mr. Martin Rapaport）是多年好友，所以本书读来似乎是在与学者对话，以往钻石行业雾里看花似的模糊感，也逐渐变得清晰起来。相信本书对有兴趣了解钻石产业，或者有志于从事钻石商贸、投资收藏的朋友，都是极佳的参考工具。

谨祝贺本书的出版，能为钻石产业的健康和可持续发展，注入新的活力！

周征宇教授

同济大学

前　言

“钻石是女人最好的朋友。”这是玛丽莲·梦露歌中的经典名句。不论你是否认同，钻石已悄悄地渗入了现代人的生活之中。婚庆、纪念日少不了它，派对、宴会上必定有它炫目的身影，投资、理财的项目中也有它的一席之地，钻石不再仅属于女人。

现代钻石业的滥觞是1866年南非出土第一颗钻石以后的事。在此之前，世界上仅有印度和巴西产钻石，并仅供皇室贵族专享，平民百姓无缘拥有。1866年至今不过150余年，钻石在这么短的时间成为人们的最宠，可以归因于以下数点：

1. 钻石自身的美丽、坚固与稀少；

2. 2000余年的传说与神话；

3. 100多年来单一的产销制度；

4. 强力有效的广告营销；

5. 透明、稳定的国际报价方式。

本书针对上述几项因素，循序渐进，一一分析并归纳钻石的诸多面貌，俾便读者能在最短时间里，透过精简篇幅，一窥神奇钻石的堂奥。

百年来由戴比尔斯（De Beers）创造的从原石开采到集中批发的管销方式，在 20 世纪末发生重大改变，请见后述。
[图片来源：De Beers Group Marketing（DBGM）]

目　录

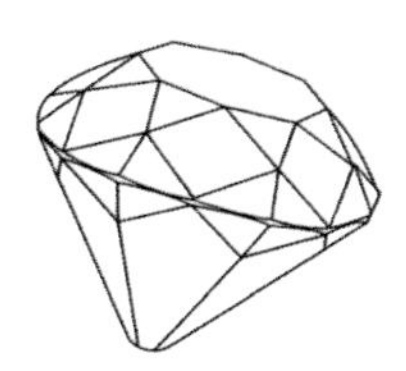

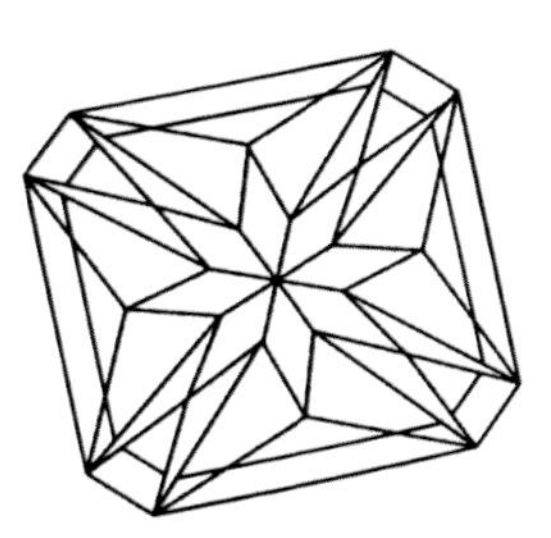

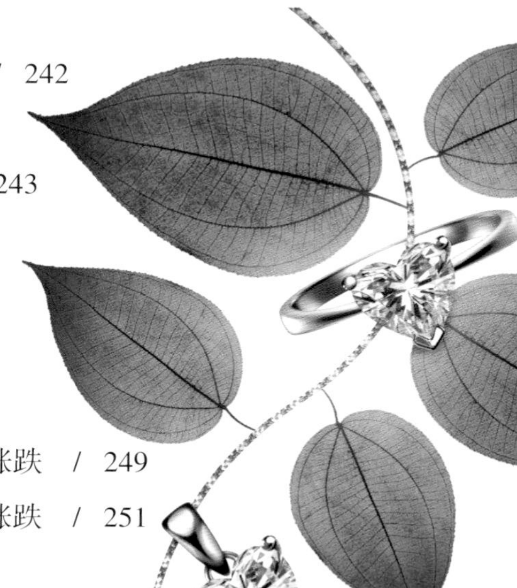

第一章

钻石入门

第一节 ◆ 钻石小档案

第二节 ◆ 人类历史上最浓缩的财富

第三节 ◆ 钻石到底是什么?

第四节 ◆ 钻石的美来自何处?

第五节 ◆ 钻石的价值如何评估?

第六节 ◆ 钻石真的金刚不坏吗?

第一节　钻石小档案

化学成分： 碳

结晶构造： 立方晶系（Cubic System），或等轴晶系（Isometric System）

颜　　色： 从无色、近无色到彩色，以带棕色、带黄色为大宗，而红、紫、绿和纯橘色最少

莫氏硬度： 10

密　　度： 3.52 克 / 立方厘米

韧　　度： 四个劈裂面方向良好（Good），其余方向极优（Exceptional）

晶体形状： 正八面体居多，亦可见立方体、十二面体、扁平双晶

折 射 率： 2.417

色 散 率： 0.044

表面光泽： 金刚光泽（Adamantine）

光学性质： 单折射

抗化学性： 不畏一般化学物质

抗旋光性： 安定

抗 热 性： 极佳，高氧环境中 690℃ ~ 870℃烧化成二氧化碳

荧 光 性： 两到三成有荧光反应，多数为蓝色，亦可见其他颜色

劈 裂 性： 4 个劈裂方向

断　　口： 阶梯状

各种奇特形状的原石
（图片来源：DBGM）

第二节 人类历史上最浓缩的财富

1987年及2007年，人类文明史中的经济篇两度被改写。1987年，名为汉考克（Hancock）的0.95克拉紫红色圆钻（Fancy Purplish Red）以每克拉92.6万美元的价格，创下当时宝石平均克拉单价最高的世界纪录，同时也被喻为“世上最浓缩的财富”。2007年10月，香港苏富比（Sotheby's）的拍卖会上，6.04克拉的方形艳彩蓝钻（Fancy Vivid Blue）被伦敦珠宝商慕莎伊芙（Mousaieff）以每克拉132万美元的天价标走，打破了前述紫红圆钻保持了20年的不败神话。

（图片来源：DBGM）

纪录的刷新有两层隐喻。一是，21世纪以来新富阶级增加，财富累积增多，对宝石与艺术品的投资，成为另类理财及对抗通货膨胀的一种替代选择；二是，对宝石的追求是人类长年，或者说千年以来深深埋藏在内心的欲望，而这欲念，溯本追源，是由古籍和神话不断地挑动所激发。

总而言之，人类对钻石的情感已不局限在物质的层面，而是超越地域、时空及文化，融入了情感与浪漫的因子，一如对艺术作品的迷恋，有时理性已非评估价值的绝对标尺了。

2010 年以降，随着彩色钻石逐渐被世人认识与追捧，克拉单价世界纪录不断被刷新，今天，世界最浓艳的钻石每克拉价格已超过 400 万美元。

彩色钻石及其价格

名称	质量	产地	金额
玫瑰花韵 The Spirit of the Rose	14.83 克拉	俄罗斯	2660 万美元（紫粉钻石的最高纪录）
周大福粉红之星 CTF Pink Star	59.60 克拉	南非	7200 万美元
温斯顿粉红遗产 The Winston Pink Legacy	18.96 克拉	南非	5600 万美元
粉红承诺 The Pink Promise	14.93 克拉	未知	3300 万美元
格拉夫粉钻 The Graff Pink	24.78 克拉	莱索托	4600 万美元
橘钻 The Orange	14.82 克拉	未知	3550 万美元
奥本海默之蓝钻 The Oppenheimer Blue	14.62 克拉	南非	5750 万美元
约瑟芬的蓝月亮 The Blue Moon of Josephine	12.03 克拉	南非	4840 万美元
温斯顿之蓝钻 The Winston Blue	13.22 克拉	南非	2380 万美元
维特巴哈 - 格拉夫 The Wittelsbach-Graff	31.06 克拉	印度	2430 万美元

第三节　钻石到底是什么?

享有“宝石之王”美誉的钻石究竟是什么？它和玉石、水晶又有哪些不一样？

除了珍珠、珊瑚、琥珀和象牙等源自生命体而被称为“有机宝石”（Organic Gems）之外，自然界的其他宝石，都是产自大地的矿物（Mineral）。矿物依其化学成分及结晶构造，可以分为不同种类（Species & Variety）。宝石学上将具有特定成分和结晶构造的矿石归为一个品种（Species），或称“种别”。

钻石是由纯碳原子（约99.95%以上的碳及少量的其他元素，如氮、硼等）以立方晶系方式结晶而成。同样是碳原子，若是结晶成六边形则成为另一“种”矿物——石墨，它通常用于制作铅笔的笔芯或者干电池。

同理，氧和硅的化合物一般以二氧化硅（SiO_2）的形式存于自然界。当二氧化硅分子排列成六边形时，则形成矿物石英（Quartz），无色的石英又称为“水晶”（Rock Crystal），如为紫色，则称“紫水晶”（Amethyst），黄色则为“黄水晶”（Citrine）。石英为该矿物的“品种”，白水晶、紫水晶及黄水晶，其实是同一种矿物的衍生（颜色、透明度等外观上不同），它们互称为同一种别下的不同“类别”（Variety）。有人将之比作同一姓氏下的兄弟姐妹。

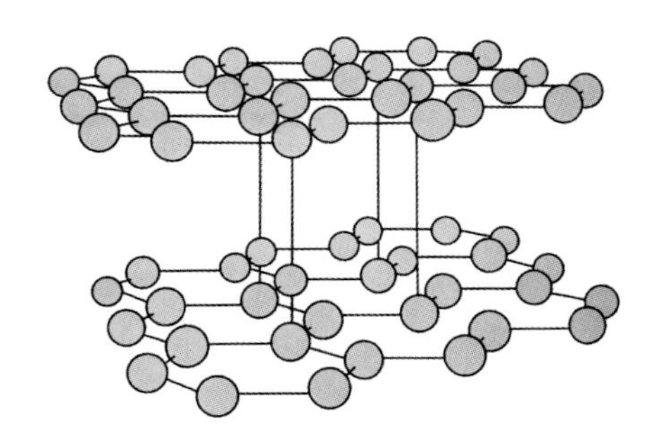

石墨原子的层状排列

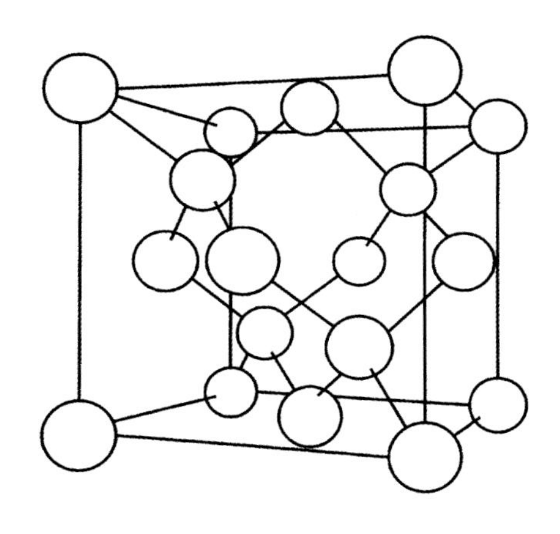

钻石内原子的排列，每个碳原子由空间中另四个碳原子围绕

同一品种的矿物晶体，不论其颜色、大小、外观是否相同，因有着相同的成分和构造，具有同样的物理和化学性质。不同种类的矿石之间，有着不同的性质。简单地说，同样是钻石，不管是小如 0.01 克拉还是大至 100 克拉，不管是无色还是彩色，莫氏硬度皆为 10，它们也同样具备 2.417 的折射率，和 3.52 克 / 立方厘米的密度，不因外表、颜色的差别或内部净度的不同而有所不同。

石英据测定具备 2.54 至 2.55 的折射率，2.65 克 / 立方厘米的密度及 7 的莫氏硬度。这些数值不论是紫水晶、黄水晶还是白水晶都一样，即使它们不透明也是如此。

经过上述讲解，读者应当不至于把钻石和别种的宝石弄混了吧！另外，钻石可借由诸多特定的性质和其他种类的宝石加以区分。

钻石分类概要

钻石自身也有分类，纯净的钻石由纯碳结晶而成，但因地球内部含有许多元素氮（N），经常会在钻石生成时混入晶格之中，故科学上又依钻石是否含有不纯物“氮”而分成两类，第四章将详述。

第四节　钻石的美来自何处？

“美”是一个很抽象的名词，西方人说得妙“Beauty is in the eyes of the beholder”，有人将之译为“情人眼里出西施”，感觉像是硬找一句中文谚语来对应，它的意思更接近“美不美，见仁见智”。说钻石亮晶晶，大家应该都同意，但亮晶晶就是美吗？水晶和玻璃如果切磨得和钻石一样有很多刻面，不也闪闪发亮？它们之间谁较美，可有数据或尺度佐证？

宝石的折射率高低和表面光泽的优劣是决定宝石外观“明亮”与否的关键。折射率高的宝石，受光照时，穿入宝石内部的光线在碰触底部刻面，会有较多落在临界角外，形成全反射光，返回宝石正面，使宝石呈现较多的亮光，好比打击率高的棒球选手，有较高的概率将球送至安打区一般。表面光泽则是宝石原子间排列密致程度的表现。

钻石的折射率为2.417，在不到百种的常见天然宝石材料中，名列前茅，仅次于金红石（Rutile）与锐钛矿（Anatase），然此二者硬度不佳，难以制成贵重首饰。又，钻石的表面光泽在所有透明宝石中被评为最高一级的“金刚光泽”（Adamantine Luster），其他贵重宝石如红宝石、蓝宝石、祖母绿、石英等，都同列为“玻璃光泽”（Vitreous Luster），光泽远逊于钻石。

综合这两个性质，穿戴相同条件的钻石首饰与其他宝石首饰进入同等照明条件的环境（如幽暗的电影院），钻石散发的“光芒”自然超过别的宝石。如果美的审视是以“发亮”为重点的话，钻石当然也就出类拔萃了。

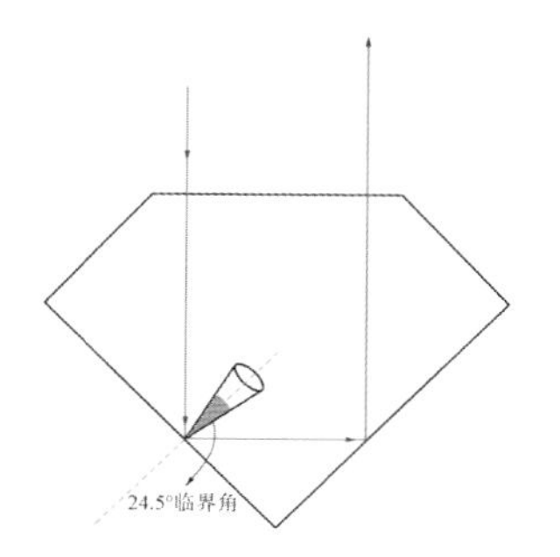

钻石的临界角为 24.5°，钻石切割适恰时，上方进入的光线在碰触底部刻面时因落于临界角外，而发生反射

钻石因具有绝佳的硬度，其表面在磨光后呈现出仅次于金属磨光的光泽，称为金刚光泽，远较其他天然宝石的玻璃光泽为佳。图为整包 2 至 3 分的天然彩黄色钻石

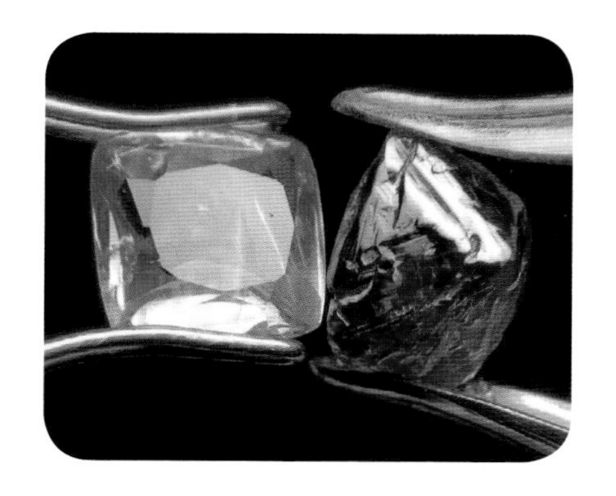

左侧蓝宝石的表面光泽为玻璃光泽，逊于右侧钻石的金刚光泽

第五节 钻石的价值如何评估？

对于钻石人们最想了解的，往往不是于它的产量或稀有性，也非其硬度或光学性质，而是它的“价值计算式”。换句话说，人们最好奇的，莫过于一颗钻石到底值多少钱？

这个问题自40年前有了所谓“国际钻石报价表”（Rapaport Diamond Report）之后，约略有所依据。关于这份俗称“行情表”的国际钻石报价表的源起及传奇，值得另辟篇幅详述，本处仅就钻石价值的评估方法，略作介绍。

千年前的印度人，已初步发展出钻石价值的评估依据，即由大小、颜色及洁净度来决定一颗钻石的价值，这也是今日以克拉重量（Carat Weight）、颜色（Color）、净度（Clarity）和切磨（Cut）4个英文词首字母C所组成的4C评断法的起源。早年人们不懂切磨钻石，因此并无“切磨”一项。

原本的4个C	业者加入的C	笔者加入的xi（谐音英文“C”）
Carat 克拉	Certificate 证书	凭的是“稀”，物以稀为贵
Color 颜色	Credit 信用	看的是东“西”，钻石的价格，在于东“西”
Clarity 净度	Cash 现金	靠的是关“系”，关系够好，买的价钱才够好
Cut 切磨		

“物以稀为贵”的俗谚放之四海皆准，钻石也不例外。产自大地的钻石原胚，颗粒愈大愈罕见。古人早已知悉此理，故钻石越大，价值越高，古今皆然。用现今的说法就是，克拉数越大，价值越高。

绝大多数出土的钻石为近无色或带了些黄色或棕褐色，越是无色越稀少，因此钻石越看不到黄色或棕褐色的越珍贵。（带有其他色彩的彩钻另当别论）

净度也一样，来自矿土的钻石要完全“纯洁”，内部不见“杂质”，似乎有些强人所难，大多数出土的钻石为透明度不佳的“非宝石级”劣质品，其余的则多少包含了一些专业上称为“内含物”的天然物。古人也将钻石的视觉纯净度作为价值区分的准据。

这套由古印度人发明沿用的钻石价值评定方法，至今仍是国际钻石业评估钻石品质的基础。笔者先前任教于执国际钻石鉴定业牛耳的美国宝石研究院（Gemological Institute of America，GIA），该机构在其教育课程中指出，20世纪中叶前钻石品质分级制度纷杂、看法分歧。前主席李迪克先生（Richard T. Liddicoat）加以整合，推出D到Z成色，从Flawless（无瑕级）到I_3（瑕疵3级）净度等级的钻石分级标准，并通过讲习与函授方式首先向美国从业者推广，从而奠定了今日GIA钻石鉴定报告书独步全球的根基。亦有许多机构推动类似的钻石分级制度，也普遍获得各大主要钻石切磨中心采用。例如，比利时的钻石高阶议会、欧洲的国际宝石学院……各家用语或评定准据有相同和不同处，难以完全类比，有兴趣的读者不妨多加比较。

“价值不等同于价格，反之亦然！”不熟悉钻石的人常以钻石的标价（Pricing）判断钻石的价值（Value）。价值是品质反映在外的经济指数，物件的品质越佳、价值越高。价格（Price）则是卖者依自身成本，加上各种费用，如租金、管销等，以及市场因素所定的数字，即便没有品质差异的两件相同物品，如同样的瓶装可乐，两个商家可能有两个“价格”，但它们的价值应当是相同的。

其他影响钻石价格的几项可能因子

1	分级报告书（俗称“证书”）的内容
2	分级报告书的出具单位
3	钻石类别加分效益。（化学成分类别，I 类或 II 类）
4	产地加分效益
5	品牌加分效益（又称溢价）
6	历史意义或名人加持
7	供需平衡与否

没有两颗钻石生下来是完全相同的。钻石颜色上或许有些微差异，净度的特征和切磨也不会完全一样。钻石的价值是由前述 4C，即克拉数、颜色等级、净度等级及切磨优劣组合而成的综合品质决定。品质越高，价值也就越高。

自 20 世纪 70 年代末雷朋博（Martin Rapaport）发行了全球第一份以他本人姓氏命名的《雷朋博钻石报价表》后，世界钻石业的生态便气象一新，交易更为热络。报价表依钻石克拉重量大小分成数个区块，如 1 克拉和 2 克拉钻石分别归属不同区块，同区块内再以成色和净度交叉出对应的数值，即该克拉重量的“现货市场批发售价”。

换言之，报价表是依钻石的品质，列出批发市场对该品质钻石的索价（Asking Price）。至于各零售业者，则再依自身进货成本、设计、服务及品牌等附加价值，增减制定出售价。因此，钻石的价格不等同于其价值，一如价值不必然是价格的正比。可以确认的一点则是“品质越佳、价值越高”。

《雷朋博钻石报价表》杂志

第六节 钻石真的金刚不坏吗?

“钻石是天下最坚硬的物质，因此金刚不坏。”是一般人最常有的误解。

钻石的硬度为莫氏10，的确是世上最“硬”者，但请注意，硬度（Hardness）一词的真实意义是物质抵抗刮、磨的能力。钻石可以磨损、刮伤其他物质或其他宝石，也只有钻石可以磨损另一颗钻石，反之，没有其他物质可以刮伤或磨损钻石，钻石真的是世上最“硬”的物质。

但“硬”不代表“韧”。

韧度（Toughness）指物质（宝石）抵抗破裂或断裂的能力。韧度和硬度

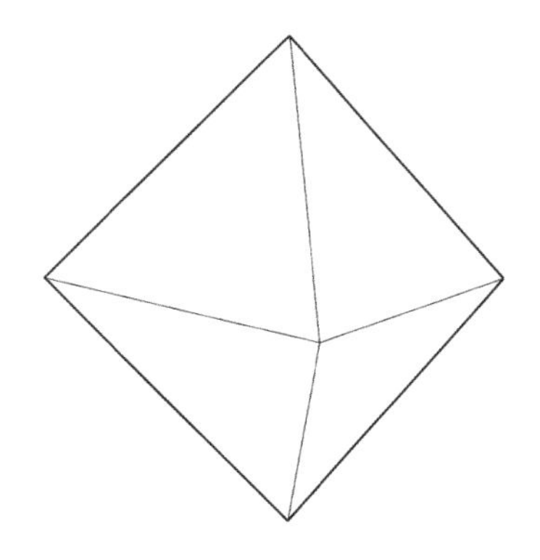

钻石原子依立方结构排列时，处于平行金字塔斜面方向的原子键结较弱，矿物学上定义为“劈裂”方向。钻石共有四个劈裂方向，因此整体韧度评为良好（Good），而非最佳的极优级（Superior）

钻石的八面体原石之一

钻石的八面体原石之二

间没有绝对的关联。以橡皮筋和麻绳为例，两者皆很软，但用铁锤却无法轻易将之砍断。反观钻石，虽极硬，但用榔头敲击，仍会破裂。细观钻石内碳原子的排列，犹如双金字塔堆积成的正八面体，每一碳原子等距与邻近四个碳原子键结；而八面体的四个平行面方向则是原子排列较疏松的方向。这些原子排列不紧密的方向，即构成所谓的“解理”（Cleavage）方向，因为具有这几个方向的“弱点”，所以钻石的韧度虽佳，但仍被评为第二级——优良，输给第一级特优的软玉（Nephrite）和硬玉（Jadeite）。因此钻石并不是传说中的“金刚不坏”。即使是韧度第一级，用力敲击也可将之毁坏，世上并无所谓“金刚不坏”的物质。

话虽如此，钻石仍是众多宝石中坚固度（或者说耐久性）绝佳的宝石，“钻石恒久远”这句经典名言，可不是空口白话！

宝石的耐久性（Durability）由“三大支柱”组成，除了前面所说的硬度和韧度外，还有抵抗光、热和酸碱等化学物质的能力，称为稳定性（Stability）。钻石几乎不怕光和一般环境下的热或酸碱的侵蚀，稳定性极佳。相较之下，珍珠就很娇弱，需要特别呵护。钻石首饰可以带入泳池等场所，亦可以超声波或蒸汽清洁液洗涤，而珍珠首饰则应取下，以免受损。

本梨形钻 GIA 证书记载为无瑕级（Flawless），但在 12 点近爪的位置有一处破裂，因此被送至瑞士宝石学院鉴定破裂原因

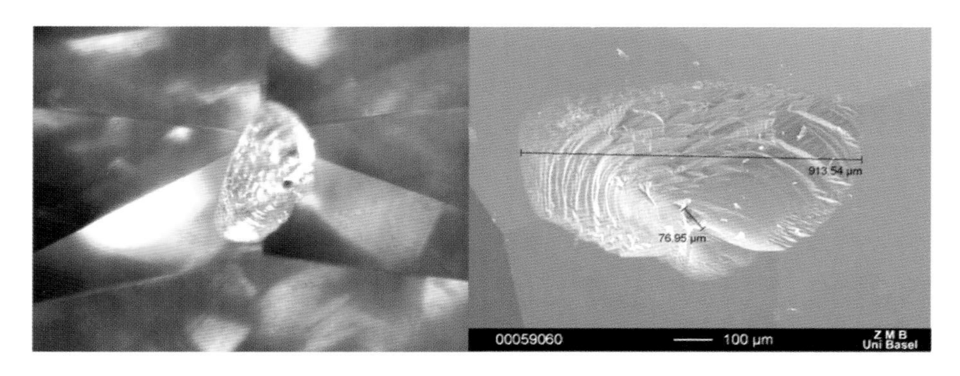

放大检视发现破损处表面无碰撞痕迹，裂纹中央出现“黑斑”。右侧是扫描电子显微镜检查缺陷的情形

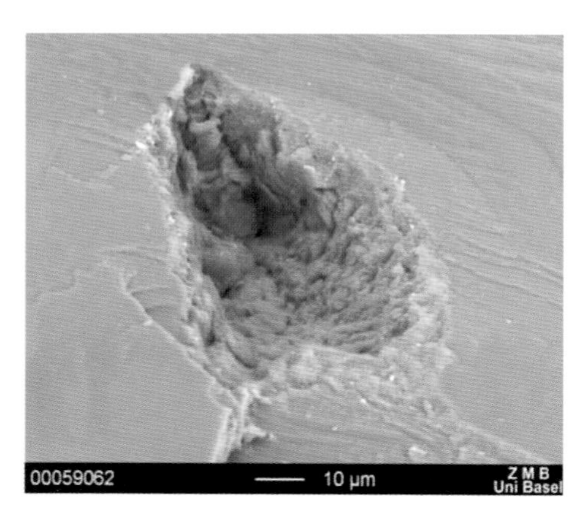

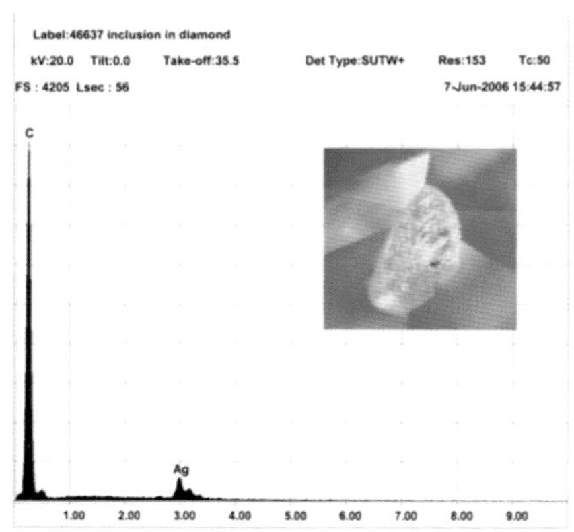

“黑斑”结构粗糙，分析后发现其成分为纯碳，因此排除为金属或放射性物质

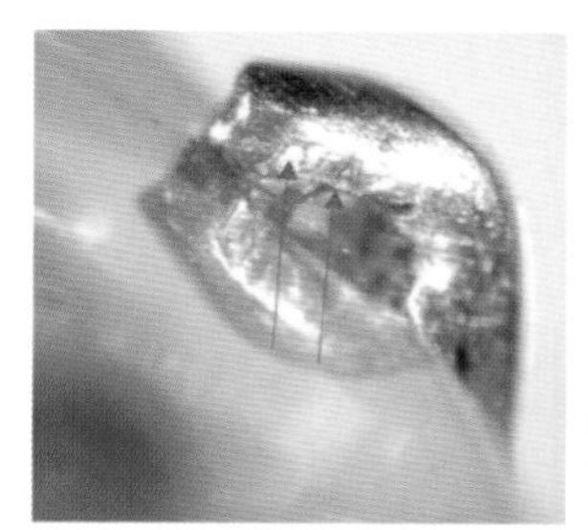

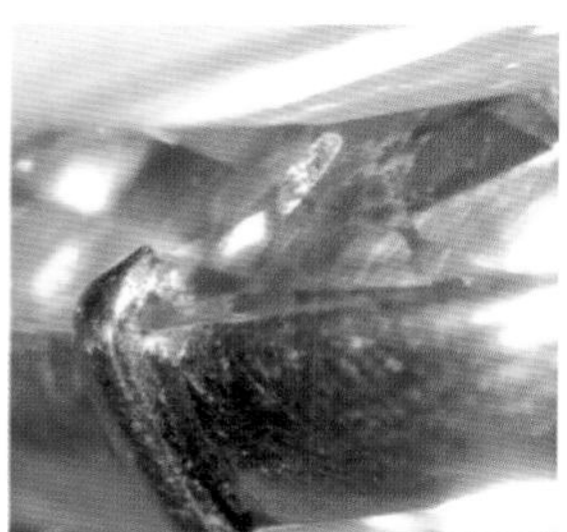

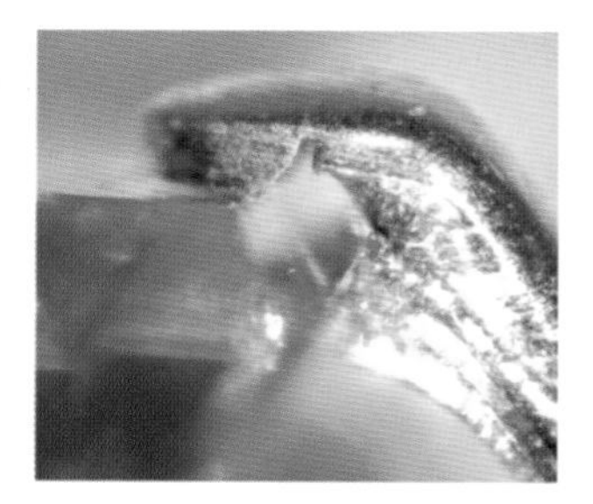

经推测，戒指在改围时火炬所放射高温能量集中触及“黑斑”位置，将钻石之碳“石墨化”。因石墨的体积大于钻石 1.6 倍，故撑破了钻石，形成了中心“黑斑”裂纹
（图片来源：Swiss Gemmological Institute）

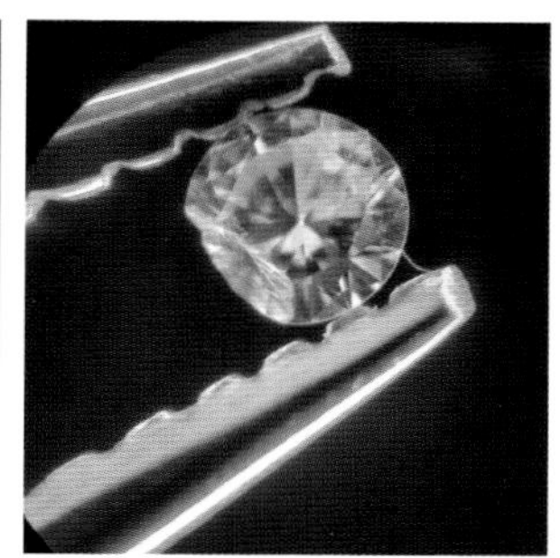

破裂的钻石

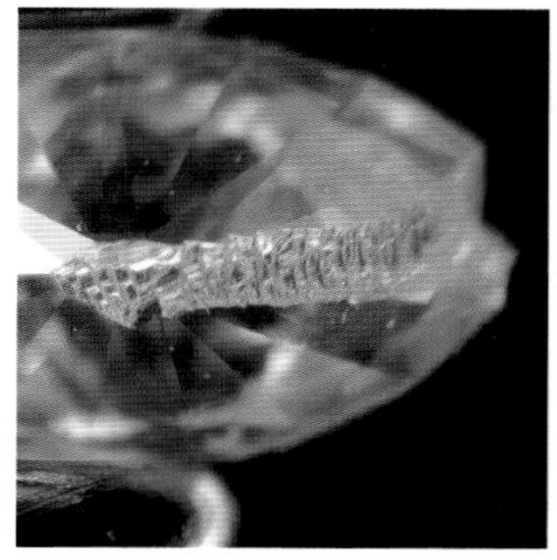

钻石的破裂呈阶梯状

这不是刀切割成的，受到重大外力时，钻石也可能破裂，但概率不大

宝石耐久性“三大支柱”

名称	说明
硬度	宝石的抗刮和磨的能力。钻石在所有物质中硬度最高为10，而滑石为1
韧度	宝石抵抗断裂破损的能力
稳定性	抵抗光、热和化学试剂（酸、碱腐蚀）的能力

莫氏矿物硬度表

莫氏硬度由德国矿物学家莫斯（Frederich Mohs） 于 1812 年首先提出。莫氏硬度标准（Mohs Scale of Mineral Hardness）将 10 种常见矿物的硬度由小到大分为 10 级，并按硬度的顺序排列。其为一种相对标准，与绝对硬度并无关系，所以硬度为 10 的钻石与硬度为 9 的刚玉，虽说只差一级，但钻石硬度却是刚玉的 140 倍，西方谚语“只有钻石可以切磨另一颗钻石” （A diamond cuts another diamond）即已点出钻石至高无上、无法超越的“硬度”。

硬　度	矿　物
1	滑石（Talc）
2	石膏（Gypsum）
3	方解石（Calcite）
4	萤石（Fluorite）
5	磷灰石（Apatite）
6	正长石(Orthoclase）
7	石英（Quartz）
8	黄玉（Topaz）
9	刚玉（Corundum）
10	金刚石（Diamond）

第二章
钻石的旅程

第一节 发现大事记

1730 年前，印度为世界唯一的钻石产地。

1730 年，巴西发现钻石。

1866 年，南非发现钻石。

20 世纪 60 年代，苏联出产钻石。

1970 年，博茨瓦纳出口钻石，总产值占世界第二（2005 年产量跃居世界第一）。

1980 年，澳大利亚发现钻石，产量瞬间跃居世界第一；中国大陆正式生产钻石，居世界第 12 名。

1990 年末，加拿大正式生产钻石，2005 年已是世界前五大钻石生产基地之一。

第二节 钻石的形成

钻石如何形成？在哪里可以找到钻石？

根据科学研究，地球的年龄约为45.5亿年，而最老的钻石约在距今35亿年前结晶而成。从地球表面到地球中心的地心半径约为6400千米，分别是最外层的地壳（Crust）、中间一层的地幔（Mantle），以及中心区的地核（Core），地壳约厚6至35千米，地幔约厚2950千米，地核约厚3500千米。钻石形成于地表下120到200千米的地幔上层；形成后的钻石借由火山爆发喷发到地表。研究已发现的最早一次的喷钻活动发生在30亿年前，最近的一次则发生在2000万年前。但即使地底钻石仍在持续形成，21世纪出现火山爆出钻石的盛事的概率几乎是零。

岩浆喷发后，钻石受地心引力影响，落回柱状井内或周围火山熔岩覆盖的区域内，留在井内的被归为管脉矿源或原生矿床（Primary Deposit），也有人称一级矿，以别于因雨水和风化等因素冲刷入河和海的冲积矿床（Alluvial Deposit）——俗称二级矿（Secondary Mine）或次生矿。

这里的一级、二级并非钻石原石品质的分类，而是按成矿时间上的前后排序。有趣的是次生矿因受到河水的洗练，原本存在于内部的裂纹和杂物会因此破裂逸失，品相反而更佳，只是颗粒变得比较小。纳米比亚海边产的钻石品质公认最佳，就是最好的证明。

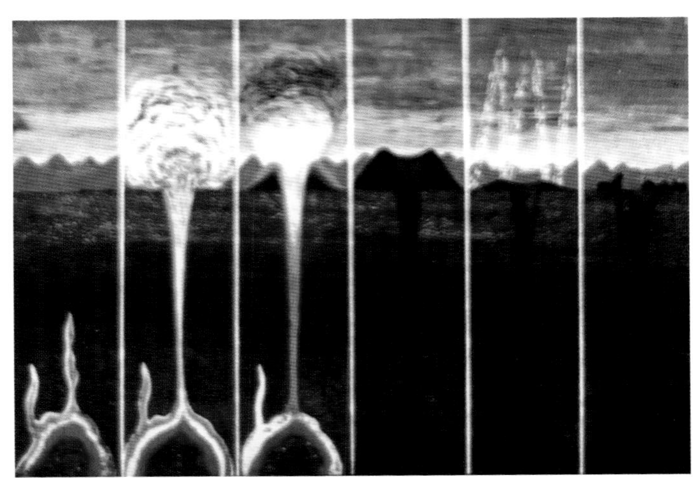

钻石形成后，借由火山爆发被喷至地表
（图片来源：DBGM）

人类自20世纪中期已能制造出人工钻石，（旧称合成钻石，Synthetic Diamond），今天多半被称为实验室生长钻石（Laboratory Grown Diamonds，LGD），由此可见人们对于自然界钻石的形成环境也能精准推估。据研究，天然钻石的结晶条件为，温度900℃到1300℃，压力介于45000到60000大气压，有研究员比喻此压力相当于80只大象压在脚趾上。地表下富含碳的环境如果符合上述条件，钻石即可形成。科学界推测钻石形成于两类火成岩内，一为橄榄岩（Peridotite），另一为榴辉岩（Eclogite），两者均存在于地表下120千米至200千米的上地幔，并不断释放出组成钻石的碳元素。

经放射性同位素定年法测定推估，最古老的钻石约在33亿年前形成，最年轻的钻石约6000万~9000万岁，1995年在今日的刚果共和国境内发现。形成后的钻石在适当的时机，在金伯利岩（Kimberlite）及钾镁煌斑岩（Lamproite）之中借上升作用被携带到地表。钻石探勘者即通过此二种岩石，寻觅钻石矿源。

金伯利岩与钻石原石
（图片来源：Jeanette Fiedler，Lore Kiefert）

生成年代纪

随着时代的进步，科学家已能准确估算出地球的年龄，约是45.4亿年，据悉误差值只在5000万年上下，也就是45亿到46亿年间，而最古老的钻石，可能是加拿大伊卡地（Ekati）和戴雅维克（Diavik）所产，其生成约在35亿至33亿年前，即地球形成后约10亿年时。

南非最知名的金伯利地区（Kimberley），其钻石年龄约是29亿年，库利南（Cullinan）和凡尼堤雅矿（Venetia）的钻石年龄约为20亿年，刚封矿的粉钻故乡，澳大利亚西部的阿盖尔矿（Argyle）大概在16亿年前后，澳大利亚另一盛产黄钻的埃伦代尔矿（Ellendale）的钻石年龄约14亿年。

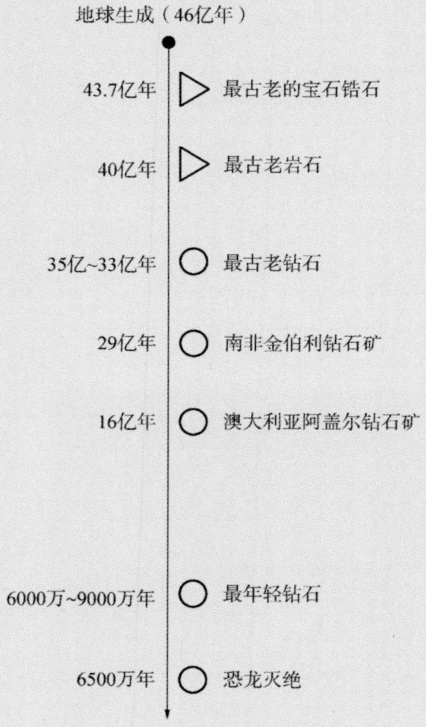

以金丝雀Ib类型浓黄色著称的塞拉利昂南部的济米矿（Zimmi），钻石年龄约6亿~7亿年，最年轻的钻石据推测是南非境内的雅克斯方坦（Jaqersfontein）及咖啡方坦（Koffiefontein），都不到1亿年，据估计在6000万到9000万年之间，早于恐龙灭绝的6500万年。

地球生成（46亿年）

43.7亿年 ▷ 最古老的宝石锆石

40亿年 ▷ 最古老岩石

35亿~33亿年 ○ 最古老钻石

29亿年 ○ 南非金伯利钻石矿

16亿年 ○ 澳大利亚阿盖尔钻石矿

6000万~9000万年 ○ 最年轻钻石

6500万年 ○ 恐龙灭绝

第三节　钻石的产出

历史上有资料可考的钻石生产国约 27 个。印度是世界上最早生产钻石的国家，早在公元前 4 世纪就有记载。直到 1730 年，它都是世上唯一的钻石生产国。

相传，印度尼西亚婆罗洲（Borneo）的钻石在公元前 600 年即有所闻，几可和印度齐名，但真正的开采要到 16 世纪以后。钻石产区散布着大量来自中国的瓷器，显示国人在那个年代就已经在此地开采钻石了！

1730 年，巴西加入了产钻的行列，但其产品仍多以“印度”的名义销往欧洲。巴西一跃成为当时钻石生产的主力，盛况直至 1866 年南非发现钻石。19 世纪 70 年代前，世界上的钻石，几乎全部产自冲积矿床，即在古河道或溪流中发现。

以往不透明的钻石原石被摒除在宝石级之外，不做成钻石饰品，而当成工业用材料。今日，随着彩色钻石的流行及世界对钻石需求的增长，印度许多从业者纷纷从“工业级”原石内找寻如图的“近宝石级”材料，切磨后上市

不透明的钻石被穿孔做成了项链坠，大大提高了“宝石级”钻石的比例

随着采矿技术的日新月异，越来越多的钻石矿被发掘出来。1870年到1900年的30年间，南非以每年200万到300万克拉的产量，供应全球95%的钻石。其中有数座矿管，直到今日仍持续产出着约全球0.7%的钻石。①

非洲大陆继南非之后加入产钻阵营的主要国家有纳米比亚、西非及刚果。20世纪60年代其他地区也搭上钻石列车，先是苏联，20世纪80年代则为澳大利亚，加拿大在20世纪90年代正式生产钻石，并且成为钻石生产舞台上最闪耀的“新星”。

有人估计从远古时期到2007年，地球一共出产了约48亿克拉的钻石，换算后大概是960吨。这些钻石的原石总批发价值粗估约3000亿美元，除以总质量，2000多年来，人类钻石史上原石

① 伯尔特方坦（Bultfontein）矿1869年被发现，1901年正式开采，至2005年停矿，共产出钻石约2500万克拉；杜妥伊斯班（Dutoitspan）矿1869年被发现，2005年停矿，共产出钻石约2800万克拉；亚赫斯方坦(Jagersfritein)矿1870年现身，1902年正式开采，共产出钻石2000万克拉。

的平均单价，约为每克拉 62.5 美元，当中包括九成无法制成珠宝首饰的工业级原石，和仅约一成的宝石级原石，高品质钻石价格的居高不下，其来有自。

百余年来，南非钻石的总产值居世界第一，总产量则排第四。20 世纪 70 年代才开始生产的博茨瓦纳入行时间虽短，不过总产值却雄踞第二，产量排名第五。2001 年到 2005 年短短的 5 年内，全球生产了近 8.5 亿克拉的钻石，总值高达 550 亿美元。质量以俄罗斯居首，澳大利亚居次，博茨瓦纳则排名第三，至于产值，则以博茨瓦纳最高，俄罗斯居次。

中国在 1965 年发现第一处金伯利矿脉，1980 年正式投产，产量时高时低，迄 2012 年，共产出钻石 1300 万克拉左右，排名世界第 12。

全球目前每年钻石原石产量约 1.5 亿克拉，约可装一台半的 20 吨砂石车；从远古至 2007 年地球共产出约 48 亿克拉钻石，大约可装 48 台 20 吨砂石车。

戴比尔斯与博茨瓦纳政府合资的奥拉帕（Orapa）钻石矿浩大的采矿工程
（图片来源：DBGM）

平均一吨矿土取不到半克拉的原石
（图片来源：DBGM）

2004 年世界钻石总产量、产值与克拉单价

产地	产量（克拉）	产值（美元）	原石（毛坯）平均克拉单价（美元）
安哥拉	750 万	13 亿	170
澳大利亚	2000 万	3.5 亿	17①
博茨瓦纳	3100 万	29 亿	95
巴西	70 万	0.4 亿	50
中非	50 万	0.9 亿	190
加拿大	1200 万	16 亿	130
刚果	2900 万	8 亿	27
纳米比亚	200 万	7 亿	347②
俄罗斯	3500 万	20 亿	57
塞拉利昂	60 万	2 亿	333
南非	1400 万	15 亿	100
坦桑尼亚	30 万	0.4 亿	130

① 澳大利亚阿盖尔矿。1983 年初投产，2020 年 11 月 3 日封矿。历经 37 年岁月，共给世人贡献 8.65 亿克拉的钻石原石，并以罕见的粉红色钻石著称。

② 纳米比亚因所采之钻石 95% 为优良的宝石级，平均单价全球最高；反之，澳大利亚阿盖尔矿的钻石产量虽丰，但大多数为品质不佳的棕钻，故平均批发单价远低于国际行情。

2019 年美国地质调查局（United States Geological Survey，USGS）公布的世界主要钻石生产国排名

排名	国家	产量（克拉）
1	俄罗斯	2500 万
2	加拿大	1850 万
3	博茨瓦纳	1800 万
4	南非	800 万
5	安哥拉	750 万
6	刚果	300 万
7	纳米比亚	250 万
8	其他	共约 400 万

20 世纪 90 年代，高居世界钻石产量第一的澳大利亚，已退出了主要生产国的行列，原因是盛产粉红钻石的阿盖尔矿地表藏量枯竭，地下开采暂不符合经济效益，故于 2020 年起暂时休矿。

第四节　钻石矿会枯竭吗?

钻石价格的高低，与供给和需求的平衡有着密不可分的关系。钻石的需求与整体的经济形势息息相关，历史上几度发生钻石市场几乎完全崩溃的惨况。就生产而言，钻石的产出从来都无虞匮乏，即使有些名矿因产能下降或不符经济效益而关闭，新的、产量更多的矿源不断地被发掘，甚至随着科技的进步，某些已封的旧矿再度开启，在可预见的将来，钻石矿源是不太可能枯竭的。

全球较重要的钻石矿区约有 24 个，南非占了 10 个，其中 7 个已经停产，仍然运转的 3 个矿区，一是出产世界最大的 3106 克拉库利南钻石的普里米尔矿（Premier），高寿 104 岁的它预估尚有 5 年以上的产期。1991 年才投产的凡尼堤雅矿，年产量高达近 700 万克拉。

博茨瓦纳 1967 年到 1973 年发现的 3 个钻石矿，目前年总产量高达 3000 余万克拉，且仍可续采 20 年以上。

俄罗斯第一个产钻的矿区名为“米尔”，1957 年至今每年可产约 400

（图片来源：DBGM）

万克拉，1997 年投产的庆典矿（Jubilee）目前年产 1000 万克拉，1976 年投产的乌达契那亚（Udachinaya）每年可产 2000 万克拉，这几个矿都还有 10 年以上的荣景。

澳大利亚知名的阿盖尔矿 1985 年以年产 3000 万克拉的巨量傲视全球，随后产量减缓，且由露天矿产转入地下，该矿已于 2020 年 11 月暂时画下句点。1993 年，澳大利亚北部沙漠的默林（Merlin）又找到新矿。

加拿大两座名矿被称为“明日之星”，分别是 1998 年投产的伊卡地及 2003 年的戴雅维克。前者年产 600 万克拉，预估未来仍有 10 年以上的荣景，后者年产 850 万克拉，撑个 10 年不成问题。

此外，加拿大、俄罗斯、津巴布韦、安哥拉境内有 8 处旧矿及 4 处新矿计划短期内投入生产。

纵观钻石开采史，2001 年至 2007 年，全球钻石产量已占人类历史产量总和的 1/4 左右。过去的 10 年就有 9 个新矿投产，足以抵销即将采尽停矿的 7 个老矿减产的量。自从南非找到世界第一处原生管脉矿后，20 世纪 40 年代的坦桑尼亚、20 世纪 50 年代的俄罗斯西伯利亚、20 世纪 60 年代的博茨瓦纳、20 世纪 70 年代的俄罗斯西北部、20 世纪 80 年代的澳大利亚，以及 20 世纪 90 年代的加拿大，每 10 年一个重大钻石脉管的发现似乎已成为定律，科技的昌盛加上探勘者锲而不舍的热情，已有预言称下一个有惊人发现的地方将会是中国。

1907 年，全球性的经济不景气席卷钻石业，需求大减。戴比尔斯即使减产，也无法阻止由德国人掌握的矿区继续生产，因此钻石价格大跌。1929 年，美国股市崩盘，是为历史上著名的“大萧条”（The Great Depression），当时人们对钻石的需求几乎跌到谷底，诸多中小型采矿公司倒闭，经济萎缩持续 10 年之久。20 世纪 80 年代初的美国，因经济不正常飞涨及投资客的炒作，顶级 D、IF 级钻石被哄抬到每克拉 65000 美元的天价，旋即重重摔落。2008 年初，即使已连涨 3 年，D、IF 级钻石的报价亦仅为每克拉 19100 美元，仍不及当年的 1/3。

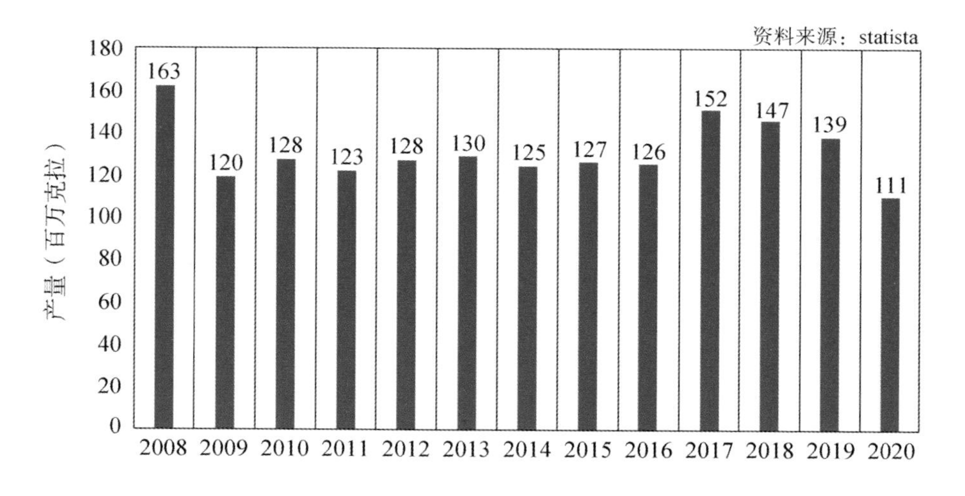

2008 年至 2020 年全球毛坯钻石产量

博茨瓦纳的卡洛威矿

2012 年投产的博茨瓦纳卡洛威矿（Karowe）由加拿大卢卡拉钻石公司（Lucara）拥有，为今日少数以产出大颗粒、高品质 IIa 类原石的名矿之一。1109 克拉的“我们的光”（Lesedi La Rona）、813 克拉的“星座”（Constellation）即为代表。

2020 年 11 月，该矿发现一颗 998 克拉的巨石，这也是它一年内第二度产出 500 克拉以上的大钻，最为人乐道的是 10 年不到的时间，这个新矿已生产了 31 颗 100 克拉巨钻，更有 10 颗大于 200 克拉的巨型钻石，“新冠”期间，此矿在采取了防疫措施的情况下，持续开采。

2018 年，卡洛威的几项突出纪录包括：

1. 出产 6 颗大于 300 克拉的巨钻；

2. 77 颗 100 克拉以上钻石；

3. 已有 156 颗原石拍卖价格超过百万美元。

此矿被发现于 20 世纪 70 年代，原矿主为戴比尔斯公司，原本评估认为经济效益不佳，于 20 世纪 90 年代卖给了加拿大的卢卡拉公司。2012 年卢卡拉开启了卡洛威矿的新形式采矿方法，配合 X 射线穿透检视设备，通过减少炸碎及新形态的滚筒回收，得以保留完整的大颗粒钻石原石。2015 年是其大放异彩的一年，一共挖到 7 颗 300 克拉以上钻石，包括 1109 克拉的“我们的光”与 813 克拉的“星座”。

据评估，本矿的露天开采可持续至 2026 年，之后可进入地下继续。钻石为博茨瓦纳这个非洲国家带来了实质的生活改善，如今该国的人均国内生产总值已达7450美元，是50年前的100倍，钻石收入占国家整体收入的30%，76%的外汇来自钻石，钻石贡献了国内生产总值的16%。

莱索托的来辛矿

世界海拔最高的钻石矿是莱索托的来辛矿（Letseng），标高3100米。它有两项值得一提的纪录。一是它的产出率极低，平均每100吨矿土只出产不到2克拉的毛坯原石，然而另项纪录却是，这些原石中有许多重达10克拉以上的钻石，因此也创下原石交易中的最高价值，每克拉均价可达近1900美元，而其他地区的钻石平均值只有81美元。

2015年杰姆钻石（Gem Diamonds）采矿公司在此开采出11颗100克拉以上的钻石。前些年更一口气找到了15颗100克拉以上的大钻，而在20到30克拉间的钻石，也有137颗之多。前述平均单价世界之最，也就不足为奇了。

第五节 产地的加分效益

这些宝石名中都有缅甸红宝、克什米尔蓝宝、锡兰蓝宝，以及哥伦比亚祖母绿等耳熟能详的高档宝石。从具有传统知名度的宝石产地，所出产的宝石在市场上往往会有较高的定价。

人们一度以南非为优质钻石的代名词，但目前珠宝业已经少有人强调“南非钻石”。钻石的产地判别不如红、蓝宝石或祖母绿般可借由内含物而正确推定，因此包括 GIA、HRD 等主要鉴定机构仅就钻石品质做评定，并不开立产地报告证明书。（但现况已有改变，容后补述）

但钻石的产地就没人重视了吗？倒也不尽然。请看以下这段苏富比拍卖公司的 1 颗粉红钻石评介文：“Amongst today's diamond cognoscenti, Golconda diamonds are a must in terms of a trophy possession in one's treasure trove of rare gems. The most well-known source for these highly sought after stones are the now legendary Golconda mines ... ”［戈尔孔达（Golconda）钻

石是今日钻石鉴赏家不可或缺的珍藏，传奇的戈尔孔达矿钻石令世人争相搜寻……］

戈尔孔达乃印度最早发现钻石的矿区之一，至今已有数千年的历史。历史上许多知名的大钻石，例如“光之川”（Darya-I-Nur）、“希望”（Hope）及“光之山”（Koh-I-Noor）等都产于此地。

今日，各大拍卖会上重要的钻石除附有 GIA 的品质分级证书外，如能有瑞士古宝琳宝石实验室（Gübelin Gem Laboratory）鉴定所另行出具的戈尔孔达产地（或品质）证明书，往往能获得更高的评价。

此外，21 世纪以来，受到非洲血腥钻石事件的影响，新兴产地加拿大也趁势推广“加拿大产”的钻石，以期和非洲钻石作一区隔，例如伊卡地（Ekati）即以加拿大矿名为名推出的品牌钻石。

随着钻石品牌的相继推出，钻石界可预见的未来将会更多元化、更加热闹。但也别矫枉过正，毕竟每个产地都有品质好和品质差的产品，仅凭产地就认定宝石优劣是不够客观的。

钻石产地报告书

2019 年，GIA 发出了两万多份附有钻石产地的报告书。实验室结合测量的数值、宝石学上的观察、吸收和发光光谱，以及荧光图像法，成功地将已切磨钻石和未切磨原石比对出来（成功率约 97%），因此制作出有钻石产地的报告书。

2000 年之前的钻石市场，鲜有人强调钻石产地的鉴定证书，即便有，也多是对于特殊纯净的 IIa 类钻石所给予的如附录般指某钻石具有“和传统名钻故乡戈尔孔达相同故乡”的暧昧用语。不像彩色宝石，如红、蓝宝石，祖母绿等，证书上会明确标出地理上的产地，如缅甸、斯里兰卡、哥伦比亚……最主要的原因是目前已能借助仪器和累积的资料分辨红、蓝宝石的产地，多数情况下可精确判断；而钻石由于其特殊的形成深度，科学上要明确地判定产地，迄今仍有困难。即便如此，科学家仍尽力研究，设法突破。现阶段，基于消费者对于宝石产地的特殊情感、爱好，甚或迷恋，部分亦反映在钻石上，毕竟，人们对于宝石来源的好奇心也是它引人入胜的特质之一。

国际拍卖市场上，彩色宝石的产地具有正面提升作用。例如同是祖母绿，哥伦比亚所出产者，在相同质量条件下，要比赞比亚出产的优出一截。即便是同一出产国的不同矿区，例如哥伦比亚境内传统名矿穆索(Muzo)，甚至已被某些市场人士当成品质分类的一项代名词。21世纪起，钻石证书上对产地的描述，也朝着此一目标发展着。

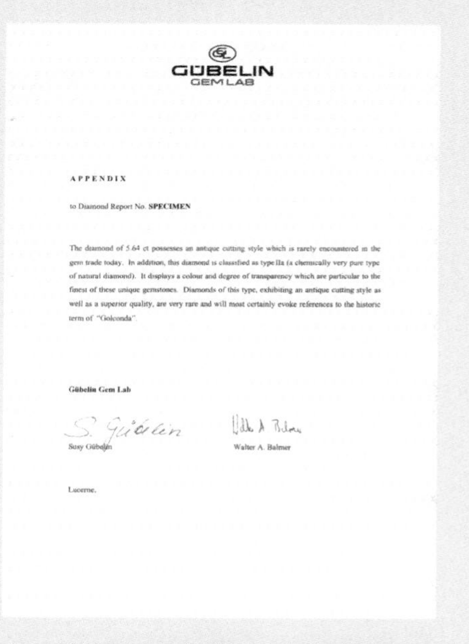
GÜBELIN
GEM LAB

APPENDIX

to Diamond Report No. **SPECIMEN**

The diamond of 5.64 ct possesses an antique cutting style which is rarely encountered in the gem trade today. In addition, this diamond is classified as type IIa (a chemically very pure type of natural diamond). It displays a colour and degree of transparency which are particular to the finest of these unique gemstones. Diamonds of this type, exhibiting an antique cutting style as well as a superior quality, are very rare and will most certainly evoke references to the historic term of "Golconda".

Gübelin Gem Lab

Susy Gübelin　　Walter A. Balmer

Lucerne,

戈尔孔达产地（或品质）报告书（图片来源：Gübelin Gem Lab）

第三章

不可不知的4C

第一节　克拉 (Carat)
——最无争议，可直接测量的 C

钻石的买卖以克拉（Carat）为计量单位。早期称量仪器不精准的年代，人们使用阿拉伯地区一种名为“克拉豆”的角豆树种子（Carob Seed）当成称量钻石的砝码，因而发展出克拉这个专门计量宝石的单位。克拉以公制单位表示，1 克拉为 0.2 克，或说 1 克为 5 克拉。

克拉之下则设分（Point，1 克拉可视为 100 分），钻石的质量很少有恰好是整数的，故在书写时通常列至小数点后两位，如 1.23 克拉（或缩写成 1.23cts）即可说成 1 克拉又 23 分，0.50 克拉则是 50 分或直接叫“半克拉”。

克拉重量的测量与进位法则

当代精密的桌上型电子秤已能精确地称到克拉的千分位，即小数后三位，如 0.998 克拉，依前述买卖时取小数两位的法则，则第 3 位的 8 面临可否进位的疑惑。

直至 2007 年，国际钻石批发业及世界主要的钻石鉴定还一致采用高标规范，对于小数点第 3 位采用八舍九入制，即 0.998 克拉视为 0.99 克拉，只有在 0.999 克拉时，才允许进位成 1.00 克拉。

然而，市面上多数珠宝零售商并无昂贵的电子秤，普通携带式电子秤只能称到小数点后第 2 位（秤已自行取舍进、退位），因此，全球最大钻石零售市场的美国，其主管机关联邦贸易委员会（Federal Trade Commission，FTC）在颁布的消费指南中，明定可以四舍五入，上述的 0.998 克拉，甚至 0.995 克拉，皆可“合法”地写成 1.00 克拉，以 1 克拉的名义销售。日后如何取舍进位有待观察。

可携带式电子秤只能称到小数点第二位的克拉数，如图中之 1.33 克拉可能是 1.325 克拉，也可能是 1.328 克拉，可见不同的秤可能得到稍微不同的数值

在稀有度的分布上，钻石越大颗越不易见到，自有文献记载以来，人类曾挖到的最大颗钻石原石为1905年在南非普里米尔矿出土的“库利南”。其如拳头般大小，计 3106 克拉，切磨后最大成品 530 克拉，名为“库利南 1 号”，现镶于英皇的十字权杖上，收藏于伦敦塔内。

未镶的钻石裸石只要摆在秤上，质量立即以数字呈现，几无争议。一旦镶成首饰，便无法称量。幸好当今流行的 58 刻面圆形明亮式（Round Brilliant）切法，钻石的质量借测量直径与全深（台面到底尖间距离，即圆钻的高度），套入一简单公式，可相当精准地估算出来。

0.998 克拉能否进位?

严谨的国际钻石业采用高标，第 3 位为八舍九入，故不进位。美国主管机构采用低标，四舍五入，可进位。

图中电子秤盘上 0.625 克拉的钻石，依今日国际鉴定规范写成 0.62 克拉，但依美法可进位成 0.63 克拉。取舍之间，在乎于人

千禧之星
（图片来源：DBGM）

摄政王
（图片来源：DBGM）

希望之星
（图片来源：DBGM，Smithsonian Institution）

最大的钻石有多大

3106是个吉祥数字。截至目前，世上最大的宝石级（透明）钻石就是3106.75克拉（621.35克）的“库利南”巨钻，说它巨大，其实一只手就能握住。

巴西曾发现一颗不透明的硕大钻石，3600克拉，似一团黑炭的它无法磨成宝石，故未受到重视，不列入记录。

“库利南”原石被分割成11颗较大的成品及数颗小石。最大的“库利南1号”重530.20克拉，自切成日起，便登上世界最大已切磨钻石宝座，直到1985年同一矿区出产了545.67克拉的“金色庆典”（The Golden Jubilee）。317.40克拉的“库利南2号”自1985年后降为世界第四，“库利南1”和“库利南2号”皆为英国王室收藏。

“金色庆典”于1997年由亨利·何（Herry Ho）发动泰国民间自戴比尔斯购入，并献给泰国皇室，作为庆祝泰王普密蓬登基五十周年的贺礼。

史上第三大钻石为1980年刚果发现的“无与伦比”（The Incomparable）黄钻，890克拉原石经切磨后，最大成品为53.90毫米×35.19毫米×28.18毫米的盾形美钻，重407.48克拉。2002年11月易趣（e-Bay）电子拍卖网卖主开价1500万美元，并附GIA鉴定证书。奇怪的是“无与伦比”的名字并未出现。它也是迄今网络拍卖中最大的一颗钻石，但拍卖期限截止后并未卖出。除了尺寸“无与伦比”外，它那IF（内无瑕）级的净度在大钻中同样无可匹敌。（世界上第三大钻石的纪录目前已被打破）

273.85克拉的“世纪之钻”（The Centenary）乃史上最大的D、FL（无瑕级）钻石（GIA认证）。1986年7月17日出产时原石重599克拉，是普里米尔矿的另一奇迹。该钻石由理想式切磨（Ideal Cut）数据发表人托可斯基之曾侄孙戈比·托可斯基（Gabi Tolkowsky）主刀，切磨出拥有247个刻面的世纪美钻。

库利普

“CLIPPIR”库利普，取自6个英文单词的首字母，分别是：

Cullinan-Like	似－库利南
Large	硕大
Inclusion -Poor	少内含物
Pure	纯净（Type IIa类居多）
Irregular	不规则形状
Resorbed	熔蚀外貌

CLIPPIR 一词最早见于 2016 年《科学》（*Science*）期刊，由 GIA 研究员史密斯博士（Dr. Evan Smith）、王五一博士等科学家共同发表。该论文是关于地底超深度大颗钻石形成的研究报告。不同于以往所知，钻石一般形成于地表下约 150 千米至 200 千米深度，而此类超大钻石生成约在地表下 360 千米至 750 千米处，并且具有 6 个英文单词所分别代表的意涵，似世界巨钻“库利南”，硕大，少内含物，成分纯净，通常为 IIa 类，不规则形，并有熔蚀（再吸收）外貌。

该研究亦提及超大钻石（IIa 类）及 IIb 类属于此类地底超深处形成的钻石，不仅生成深度是以往钻石的 3 倍，生成环境成分也迥然不同。透过这些来自地底深层的钻石，人们得以了解地幔深处亦含有金属铁，而硼元素则是由海洋被带至地幔深处。说钻石是老天赐给人们了解大自然的最佳礼物，一点也不为过。

历史上最大的前 14 颗宝石级钻石原石

名称	年份	产地	质量（克拉）
1. 库利南[①]	1905	南非	3106
2. 尚未命名	2021	博茨瓦纳	1174
3. 我们的光	2015	博茨瓦纳	1109
4. 尚未命名	2021	博茨瓦纳	1098
5. 艾克沙修	1893	南非	995.2

① 大英博物馆官方出版品中库利南钻的质量记录为 3025.75 克拉。

（续表）

名称	年份	产地	质量（克拉）
6. 塞拉利昂之星	1972	塞拉利昂共和国	968.8
7. 无与伦比	1984	刚果民主共和国	890 （史上最大彩钻）
8. 星座	2015	博茨瓦纳	812.77
9. 大莫卧儿	1650	印度	787
10. 千禧之星	1990	刚果民主共和国	777
11. 沃耶河	1945	塞拉利昂共和国	770
12. 金色庆典	1985	南非	755
13. 瓦尔加斯总统	1938	巴西	726.6
14. 琼格尔	1934	南非	726

历史上最大的 11 颗已切磨钻石（切磨后）

英文名	中文名	质量及成色	相关资料
1. The Golden Jubilee	金色庆典	545.67 克拉，黄棕色	火玫瑰枕形。1986 年在南非的普里米尔矿被发现，原石量为 755.50 克拉。此钻石于 1997 年由泰国商人共同出资购买送给泰国国王普密蓬作为庆祝其登基五十周年贺礼
2. The Cullinan I	库利南 1 号	530.20 克拉，D 级色	梨形。“库利南 1 号”是从 3106 克拉库利南钻原石切割的 9 颗钻石中最大的一颗，又被称为“非洲之星”，镶嵌于英王权杖
3. The Incomparable	无与伦比	407.48 克拉，棕色 /IF	提奥赖特型。1984 年在刚果民主共和国的姆布吉马伊区被发现。原石重 890 克拉，是世界上最大的棕色钻石，2001 年曾在易趣网拍现身
4. The Cullinan Ⅱ	库利南 2 号	317.40 克拉，D 级色	由 1905 年南非普里米尔矿出产的库利南钻原石切割而成的第二颗大宝石，镶嵌于英国国王王冠正中央
5. The Spirit of De Grisogono	德· 克里斯可诺精神	312.24 克拉，黑色	产于中非西部，原石重 587 克拉，为世界最大已切磨黑钻石
6. Lesedi La Rona	我们的光	302.37 克拉，D/FL	2015 年博茨瓦纳卡洛威矿出产。原石重 1109 克拉，是世界上最大的正方形祖母绿型切割钻石

（续表）

英文名	中文名	质量及成色	相关资料
7. The Centenary	世纪之钻	273.85 克拉，D 级色	1986 年 7 月南非普里米尔矿出产。原石重 599 克拉，共有 247 个刻面
8. The Jubilee	庆典	245.35 克拉，E/VVS_2	垫型。1895 年在南非的雅克斯方坦矿中发现。原石重 650.80 克拉，最初被称为赖茨（Reitz）于 1897 年为纪念维多利亚女王加冕 60 周年而更名
9. The De Beers	戴比尔斯	234.65 克拉，淡黄色	垫型。1888 年在金伯利矿出产，原石重 428.5 克拉，为印度大公帕蒂亚拉（The Maharajah of Patiala）所有，1928 年交卡地亚（Cartier）设计成项链
10. The Red Cross	红十字	205.07 克拉，金丝雀黄色	1901 年在南非金伯利矿中被发现。钻石顶部刻面处天然形成一个马耳他十字形的内含物
11. The Millennium Star	千禧之星	203.04 克拉，D/FL	梨形。1990 年于刚果民主共和国，姆布吉马伊矿区出产。原石重 777 克拉，为戴比尔斯千禧钻石系列

镶在台上的钻石克拉重量怎么算

镶工师傅在嵌上钻石之前，通常会先行称量钻石克拉重量，并将数字印记在如戒指的内圈等不显眼的地方。想知道钻石的克拉重量，只要查看座台上的数字便可，此方式的前提，一是确有记录，二是加工者诚实。

钻石因具有特定的原子排列方式，故有恒定的密度。钻石的密度是3.52克/立方厘米，也就是切成边长1厘米的立方体时，该立方体的质量为3.52克。同样体积的水重1克，两者相比3.52 ：1=3.52，所以也可说成钻石的比重是3.52。

经数学运算的推估，标准圆形明亮式钻石的克拉重量可由下列公式计算得出：

圆钻克拉量＝平均直径^2× 全深 ×0.0061

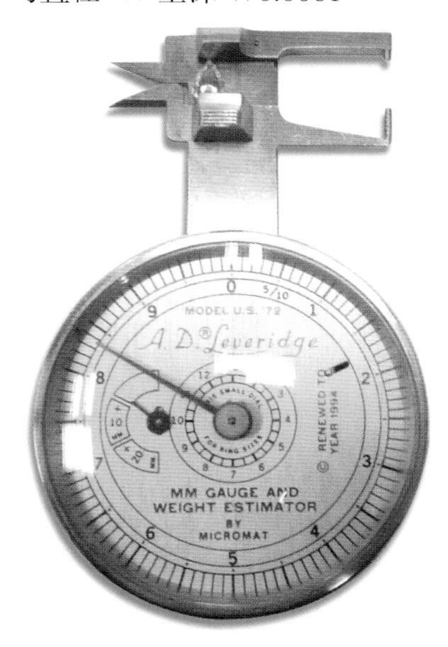

宝石卡尺（Leverage Gauge）是测量宝石尺寸的重要工具，可测量未镶及已镶宝石。测量时可估计至0.01毫米，如图之梨形钻石长度为8.38毫米（现已有电子卡尺直接显示数字。）

使用此公式的前提是钻石的腰围适中。如果腰围评定为稍厚或以上（见切磨部分的说明），则所得的数值应再加入 2% ~ 10% 的腰厚重量校正。（腰围厚只会增加钻石的质量，不增加正面轮廓大小，也不影响美观，一如带啤酒肚的中年男士，其身高一定，但腰粗者体重势必更重。）

例 1：一女戒上的钻石，直径测量数次结果分别是 6.38 毫米、6.42 毫米、6.40 毫米、6.39 毫米，全深（高度）的测量值是 3.86 毫米，腰围有些地方薄，大部分适中，不厚。估计此钻石的质量应为：

平均直径取（最小 + 最大）÷ 2 =（6.38+6.42）÷ 2 = 6.40 毫米

质量 = $6.40^2 \times 3.86 \times 0.0061 = 0.964$ 克拉

因为是计算值，故四舍五入得 0.96，经估算该戒指上钻石重约 0.96 克拉。

例 2：沿用上例，尺寸相同，但平均腰围很厚，那么此颗钻石重约为多少？

运用同样的公式，求得量 0.96 克拉。经查表，6.40 毫米直径、腰围为很厚的钻石，应作 6% 的校正。

镶在台上只要底部不被包覆，仍可量得其全深

质量为 $0.96 \times 1.06 = 1.017$，四舍五入，取 1.02，所以质量约为 1.02 克拉。

由例 1 和例 2 可知，两颗直径相同的圆钻，因腰围厚度不同，一颗不到 1 克拉，一颗超过 1 克拉。

腰围厚度百分比校正值（以 1~2 克拉圆钻约略直径为例）

直径	稍厚	厚	很厚	极厚
6.00~6.90 毫米	加 2%	加 3%	加 6%	加 8%
7.00~8.20 毫米	加 1%	加 2%	加 4% ~5%	加 6% ~7%

质量计算公式算出的数值，加上上述因腰围厚度增添的百分比，即可得已镶钻石的估计质量。

例 3：某圆钻平均直径 7.20 毫米，全深 4.30 毫米，腰围很厚，则估计质量为多少？

$7.20^2 \times 4.30 \times 0.0061 = 1.36$ 克拉

经查表，直径 7.20 毫米很厚的腰围需加 4% ~5% 的校正值。取 4% 为例，即乘上 1.04，$1.36 \times 1.04 = 1.41$，答案即 1.41 克拉。

其他形状明亮式的质量估计公式

形状	质量估计公式
心形明亮式 Heart Brilliant	质量＝长 × 宽 × 深 ×0.0059
椭圆形明亮式 Oval Brilliant	质量＝（平均腰围直径）^{2} × 深 ×0.0062
正方或长方公主式 Square and Rectangular Princess	质量＝长 × 宽 × 深 ×0.0083
三角形明亮式 Triangular Brilliant	质量＝长 × 宽 × 深 ×0.0057

上述公式皆需乘上腰围厚度校正百分比，且估计值不若圆钻精准。

小钻的克拉重量可以用尺量

俗称双翻（Full Cut）的现代圆形明亮式钻石切磨方式有 57 个（加上底尖面则为 58 个）刻面。镶在台上时，可以通过测量其直径，求得约略的质量。下表即是质量的约略对应值。

直径（毫米）	约略质量
1.30	1 分（0.01 克拉）
1.70	2 分
2.00	3 分
2.20	4 分
2.40	5 分
2.60	6 分
2.70	7 分
2.80	8 分
2.90	9 分
3.00	10 分
3.10	11 分
3.20	12 分半
3.30	14 分
3.40	15 分
3.50	16 分
3.60	17 分
3.70	18 分
3.80	20 分
4.10	25 分

采用上述质量与直径关系对应值的前提是切磨比例偏差不大。

第二节 净度（Clarity）
——复杂又稍具主观判定的C

净度的评定法则

钻石净度等级的判定，以10倍放大检查为准。世界各主要鉴定机构皆定义净度为：熟练的鉴定员以双目放大镜于10倍放大下检视钻石，察觉净度特征（内含的晶体、裂纹、刮痕、缺口等），依其大小、位置、性质、数目及明显度等整体在“程度上”的轻重，配合观察上的“难易度”，由完全不见“净度特征”的最高无瑕级到美观及坚固度均受重大影响，已近工业钻的最低等级给予多个不同等级的评定。不同系统间评定上稍有不同，以国家标准《钻石分级》（GB/T16554—2017）为例，净度等级由高到低分为LC、VVS、VS、SI、P五个大级别，又细分为FL、IF、VVS_1、VVS_2、VS_1、VS_2、SI_1、SI_2、P_1、P_2、P_3十一个小级别。

乍看似乎有“杂质”的钻石，内部常有令人意想不到的宇宙般美丽景象。即使被评为 SI_2，仍不影响其光芒与火彩，放大观察美得似宇宙天体

之所以说净度分级“合理中带有主观”，主要原因是钻石身上（内部及表面）各种特征可能的组合情况有无限种。例如，甲钻可能包有一个内含的晶体及小裂纹，乙钻内部则是数个微小晶体围成的云状物，而丙钻仅在侧面腰围上有一处天然凹陷。这些无限可能的组合，均由净度等级评定的方式，依整体“程度上”的轻重，配合“观察上”的难易度，由娴熟的鉴定员给予一个特定级数的评定语。

检视钻石小技巧

检视钻石时，放大镜与钻石之间距离约1英寸（2.5厘米），与眼睛距离也约1英寸，并前后移动找到最佳焦距。宝石夹需朝上，不可对眼，以免因旁人碰触而刺伤眼睛。两眼可同时张开，不必闭一眼。

夹取钻石小技巧

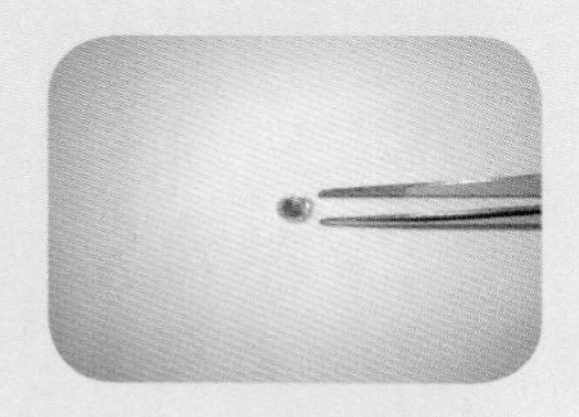

硬面夹法（Hard Surface Pick-up）

欲观察钻石正、反面时，先将钻石台面朝下置于硬质面上，如桌垫上，从腰边两侧夹起，此称为硬面夹法 。

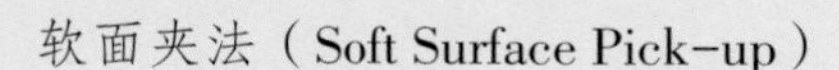

软面夹法（Soft Surface Pick-up）

如欲观察钻石的侧面，例如腰围上的特征，或由斜边看入钻石，此时可将钻石置于软布上，由下方将其铲起，夹住其台面及底尖，此时称为软面夹法。夹妥后，可轻将腰围碰触软布，在夹子内滚动，检视整圈。

由定义可知，无瑕级（FL）与内部无瑕级（IF）的钻石内部皆无10倍放大镜下可见的内含物，故上述由内含特征的“程度上”及“观察上”的条规，仅适用于极微瑕级（VVS）至不洁净级（I）净度类别的钻石。

欧洲系统并未将无瑕级与内部无瑕级细分，即10倍放大镜下无特征即视为Loupe Clean（镜下无瑕级）。GIA早年推动净度制度时亦无IF级，仅有FL，数年后发觉许多切磨师为对应FL定义，以及对称上的严谨规定，在切磨上损耗过多的质量，因而增加了内部无瑕级。

GIA 钻石分级中净度的评定法则

分级	定义
完美无瑕（FL）	在 10 倍放大镜下观察，没有任何内含物或缺陷
内部无瑕（IF）	在 10 倍放大镜下观察，无内含物，只有小的缺陷
极轻微内含级（VVS_1 和 VVS_2）	在 10 倍放大镜下观察，钻石内部有极微小的内含物，即使是专业鉴定师也很难看到
轻微内含级（VS_1 和 VS_2）	在 10 倍放大镜下观察，钻石的内部可以看到微小的内含物
微内含级（SI_1 和 SI_2）	在 10 倍放大镜下观察，钻石有可见的内含物
内含级（I_1、I_2 和 I_3）	钻石的内含物在 10 倍放大镜下明显可见，并且可能会影响钻石的透明度和亮泽度

钻石里藏了些什么？

放大镜下的钻石很有看头。

净度分级系以 10 倍为准，10 倍看不见就不能算；不过，分级用的显微镜可调大到 45 倍、甚至 60 倍，此时更能看出其真实面貌。但谨记，鉴定分级以 10 倍判定。

随生长方向排列的内含物状似层峦叠嶂，美极了，但另一方面却使净度降为 I_1 级

已经切磨好的钻石表面上遗留的迹称为缺隙（Blemishes），原本就长在钻石内部的则统称内含物（Inclusions），两种皆视为钻石的净度特征（Clarity Characteristics），有别于过往以“杂质”（Impurity）或“瑕疵”（Flaws）指称的负面印象。GIA 分级当中 I_1 到 I_3 等级在 20 世纪 90 年代以前，以 Imperfect（瑕疵级）为定义，1990 年后从善如流地改以 Included（内含级）取代。

钻石原石晶面上常见的与其倒反的三角形印记，称为三角座（Trigon)

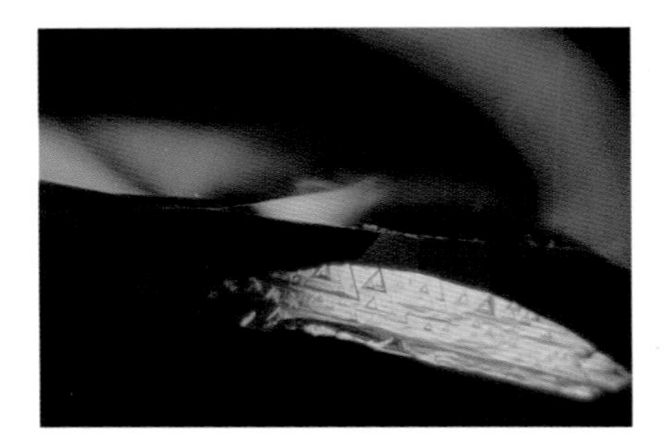

内部纹理

三角座经常存在于未经打磨的腰围天然面上

台面下数条弧形纹路也是内部纹理，常见于澳大利亚粉红钻石内

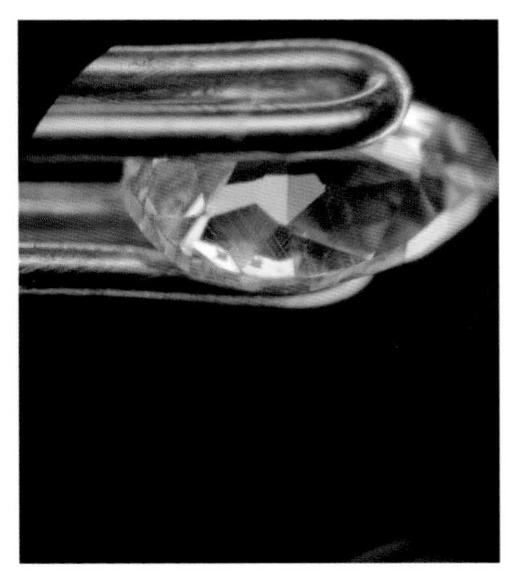

两组反光型的内部纹理，交织出类似缅甸红宝石内的金红石细针感

钻石天然面上常见沟槽式反射，
左方则有一道伸入内部的羽状纹

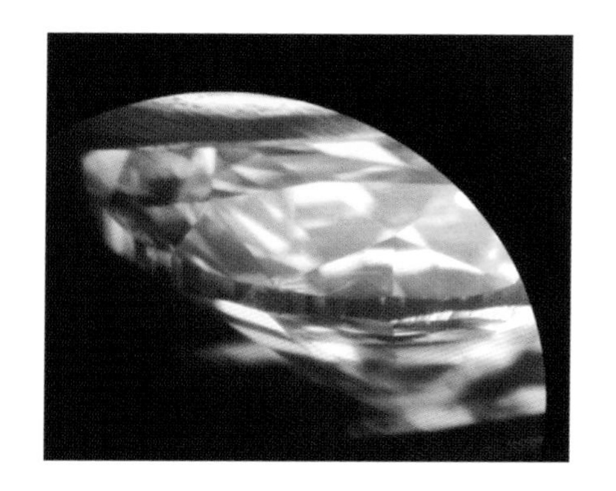

此图为该羽状纹放大的情形

树枝状玛瑙（Dendritic Agate）卖的就是内含物所呈现的美丽风景。谁说有内含物的宝石就一无是处呢?

大钻包小钻

钻石内一种常见的内含物，是其他的钻石晶体。这种钻石内的钻石晶体，也有人以谐音“包赚（钻）”称呼，以扭转净度不佳的劣势。其实有好几种宝石干净时反而没有特点，包覆特殊的内含物，不但增添了美感，也显得特殊。

发晶（Rutilated Quartz）即一例。白水晶平淡无奇，包藏了金黄色的金红石丝状物后，成为迷人的金丝发晶。因金红石是氧化钛的结晶，故也有人称之为“钛晶”。发晶因有内含物而贵。另一例可见包有马尾状内含物的翠榴石，内含物使它成为收藏玩家竞相追逐的对象。

科学研究显示，钻石内可能包覆的矿物有钻石、石墨、橄榄石、石榴石、透辉石、黄铁矿、金红石、硅化物、尖晶石、蛇纹石、金云母、方解石、赤铁矿及氧化物等。

乍看这颗钻石（左图），一般人只见三小晶体，VS_2级；但若放大细看（右图），像图中这般美丽的正八面体，为收藏家争相收集，谁在乎净度呢！

照明方式在净度观察上的功用

善用光源在钻石净度的观察，具有画龙点睛的效果。将钻石本体置于阴暗背景中，由侧面引入光线穿入钻石，其内含物将如晚会舞台上明星在背景熄灯、侧方照来投射灯般的状况下被照亮。此种背景暗、由侧方射入光源的照明方式，鉴定上称为“暗场式照明”（Darkfield Illumination）。背景全亮时，光线直射钻石再照向观察者的明场式（Brightfield）则不利于此情况，另有用途。

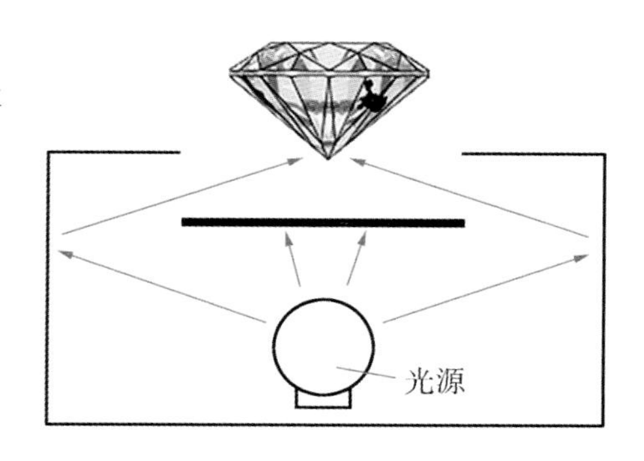

暗场式照明灯由下方“井内”照射，其上方有隔板阻隔，不直接照到钻石，故背景为暗场，向侧面射出的光线因反射之故由侧面射入钻石内，将内部特征照亮，使内含物易于观察

有别于利于观察内部的暗场式，检查钻石表面的外部特征，以能在表面形成反射的照明方式为佳。常见的珠宝显微镜在镜台上装设的上方日光灯管，即为此用。此种利用钻石表面反光来检查表面刻面上是否留有刮痕、磨光线等外部特征的照明方式，称为上方式照明（Overhead Lighting）。

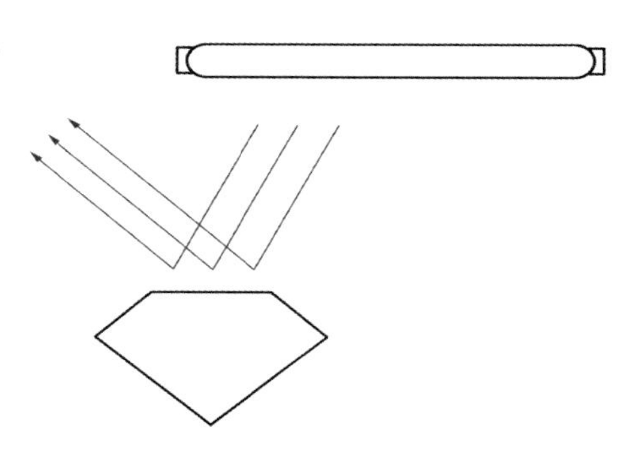

上方光线照射钻石，于其表面发生反射，用于钻石表面特征的观察

上方光源适用于表面特微观察；暗场式照明使内含物无所遁形

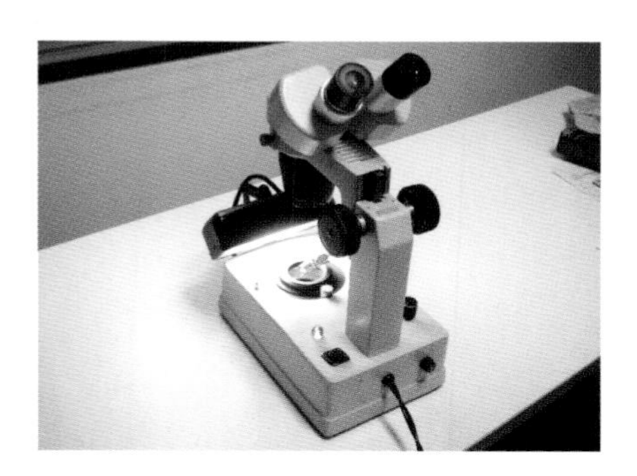

宝石用显微镜的前端白色灯提供观察表面的上方光源，中央圆井下方为暗场式照明的光源

常见的钻石内部特征及外部特征类型

常见钻石内部特征类型符号表

[《钻石分级》国家标准（GB/T16554-2017）]

编号	名称	英文名称	符号	说明
01	点状包裹体	pinpoint		钻石内部极小的天然包裹物
02	云状物	cloud		钻石中朦胧状、乳状、无清晰边界的天然包裹物
03	浅色包裹体	crystal inclusion		钻石内部的浅色或无色天然包裹物
04	深色包裹体	dark inclusion		钻石内部的深色或黑色天然包裹物
05	针状物	needle		钻石内部的针状包裹体
06	内部纹理	internal graining		钻石内部的天然生长痕迹
07	内凹原始晶面	extended natural		凹入钻石内部的天然结晶面
08	羽状纹	feather		钻石内部或延伸至内部的裂隙，形似羽毛状
09	须状腰	beard		腰上细小裂纹深入内部的部分
10	破口	chip		腰和底尖受到撞伤形成的浅开口
11	空洞	cavity		羽状纹裂开或矿物包体在抛磨过程中掉落，在钻石表面形成的开口
12	凹蚀管	etch channel		高温岩浆侵蚀钻石薄弱区域，留下的由表面向内延伸的管状痕迹，开口常呈四边形或三角形

（续表）

编号	名称	英文名称	符号	说明
13	晶结	knot		抛光后触及钻石表面的矿物包体
14	双晶网	twinning wisp		聚集在钻石双晶面上的大量包体，呈丝状、放射状分布
15	激光痕	laser mark		用激光束和化学品去除钻石内部深色包裹物时留下的痕迹。管状或漏斗状痕迹称为激光孔。可被高折射率玻璃充填

常见的钻石外部特征类型符号表

[《钻石分级》国家标准（GB/T16554-2017）]

编号	名称	英文名称	符号	说明
01	原始晶面	natural		为保持最大质量而在钻石腰部或近腰部保留的天然结晶面
02	表面纹理	surface graining		钻石表面的天然生长痕迹
03	抛光纹	polish lines		抛光不当造成的细密线状痕迹，在同一刻面内相互平行
04	刮痕	scratch		表面很细的划伤痕迹
05	额外刻面	extra facet		规定之外的所有多余刻面
06	缺口	nick		腰或底尖上细小的撞伤
07	击痕	pit		表面受到外力撞击留下的痕迹

（续表）

编号	名称	英文名称	符号	说明
08	棱线磨损	abrasion	⫽	棱线上细小的损伤，呈磨毛状
09	烧痕	burn mark	B	抛光或镶嵌不当所致的糊状疤痕
10	黏杆烧痕	dop burn		钻石与机械黏杆相接触的部位，因高温灼伤造成“白雾”状的疤痕
11	“蜥蜴皮”效应	lizard skin		已抛光钻石表面上呈现透明的凹陷波浪纹理，其方向接近解理面的方向
12	人工印记	inscription		在钻石表面人工刻印留下的痕迹。在备注中注明印记的位置

会反光的内部纹理与磨轮痕的区别是关掉暗场灯源，如以上方反射光而不见，则为内部纹理，如只在反射光下见着，则为抛光纹或表面纹理

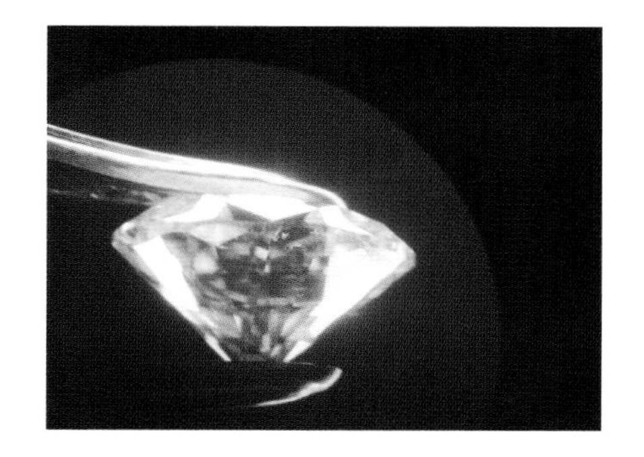

左、中及右方各有一大片额外刻面，右方的刻面上可见数个白色小羽裂纹

抛磨时在台面留下的抛光纹

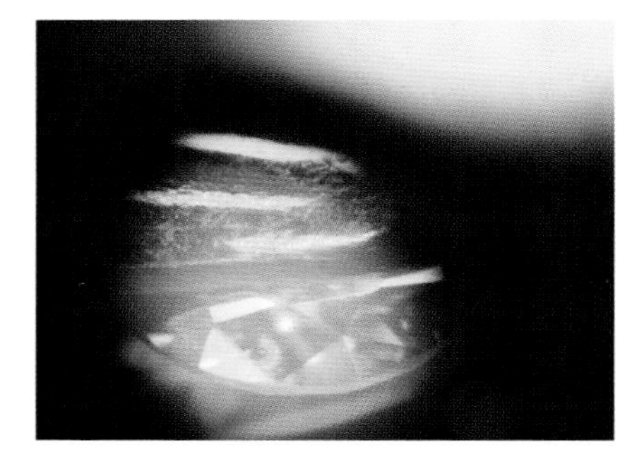

由表面反光可清楚看见磨轮留下的纵向抛光纹

台面上数条平行的白线乃磨轮留下的抛光痕

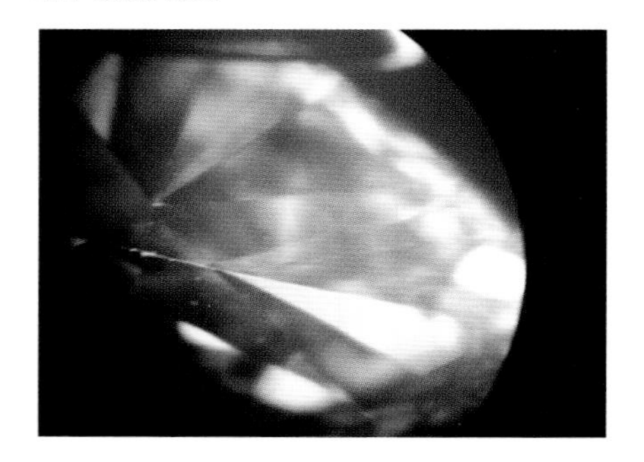

横向近底尖附近有几处小磨损的伤口，称为击痕或缺口

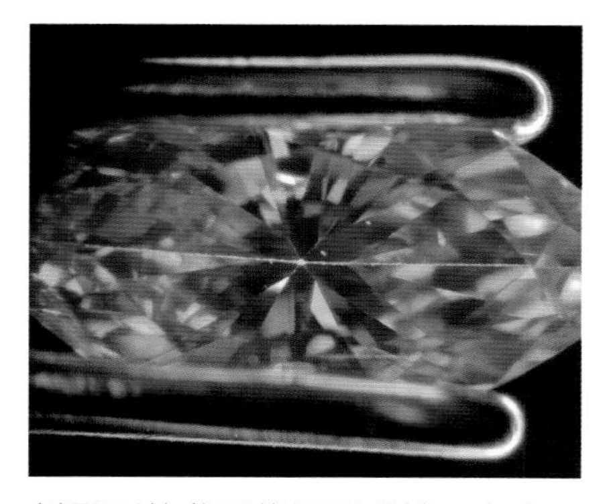

椭圆形的龙骨线易受碰撞，白点即极微小的击痕

表面缺口再大一些便成为内部特征，上图即破口，再大即可视为空洞，一如人的蛀牙，如照片中靠金属夹处

净度图的绘制与核对

净度特征除作为净度等级判定的依据外，还有数个有趣且重要的功能，其中最为人所熟知且实用者，当数两颗钻石间的辨别（所有权的归属辨别）。于失物招领时，钻石净度特征的标识（俗称绘图或制图），十分重要。

大多数鉴定机构对于 1 克拉以上的钻石，均会制作净度图，以便指认。小钻石则可利用激光在腰围刻上编号，免生混淆，也可省去绘图的麻烦。

腰围激光镌刻已成为品牌及鉴定机构常用的辨识方法

绘图的几个简单步骤如下：

1. 可以辨识该钻石的特征优先标出，如天然面、额外刻面等。

2. 可支持等级判定的特征尽可能标出，但如为内部纹理或可能造成图面混乱的特征，可改为备注栏文字叙述。

3. 表面特征在等级判定上一般无足轻重，除第 1 项外，通常不画。

4. 由正面所见者画在正面图，反面者画在反面图（底部图），如正面可见但触及底部表面，则只画底部。

钻石鉴定报告书的图不一定完全标示出所有特征，有些如内部纹理可能以文字形式叙述。

又，钻石净度分级操作必须先判定等级，再行制图，故不能以图标的符号多寡或程度，反推等级。有些钻石等级不高，例如，只有中央一道羽裂纹的 SI_2 钻石，图示可能相当单纯且感觉清爽，而另一颗 VS_1 的高净度钻石可能带有散布多处的小晶体与腰边的内凹天然面，故净度图案可能“多彩多姿”，以此反推，会使人误判净度不佳。

谨记：**先判断等级，再制图。**

检视钻石小技巧

钻石具有高度的亲油性，因此特别容易黏附灰尘及毛发等粉屑，久了会影响其光彩。检视钻石前，应先以不起毛球的拭布清洁，以免误将灰尘错当成净度特征。

若不是那么一个小小的白点点状包裹体，这颗钻石的净度将是 IF，而不是 VVS_2

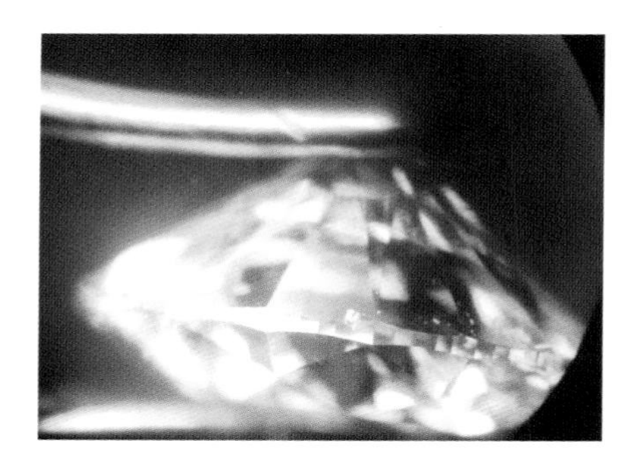

从中央腰围处延伸至底部的内凹天然面，如只从正面观察将看不见，此钻净度 VS_1

12 点附近的小白色内含晶使净度为 VS_1

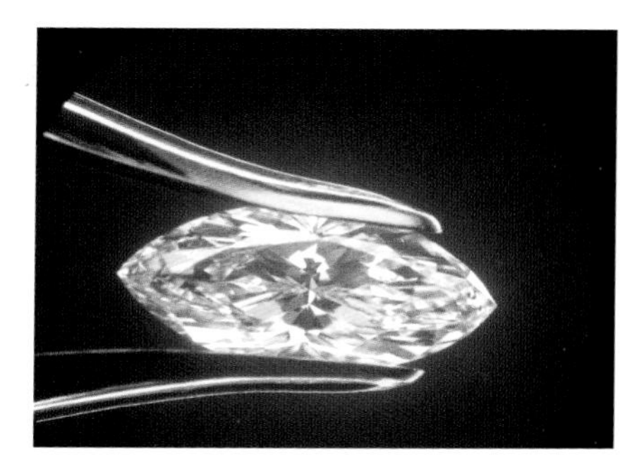

这么美丽的马眼形钻石，不因左侧轻微的黑色含晶而折损美感，因有这些内含物等级被评为 VS_2，反而变得更为平价

夹子的反射影像常使人误认为是“巨大的内含物”。实际上，本钻石唯一的内含物在 9 点位置，净度为 VS_1

此梨形钻石尖端似乎有“缺陷”，从原座台上取下时，顾客最初误会是师傅将其折断；经检查，这颗梨形钻因尖端为内凹的天然面、非断裂，净度为 SI_1 级

净度为 I_2

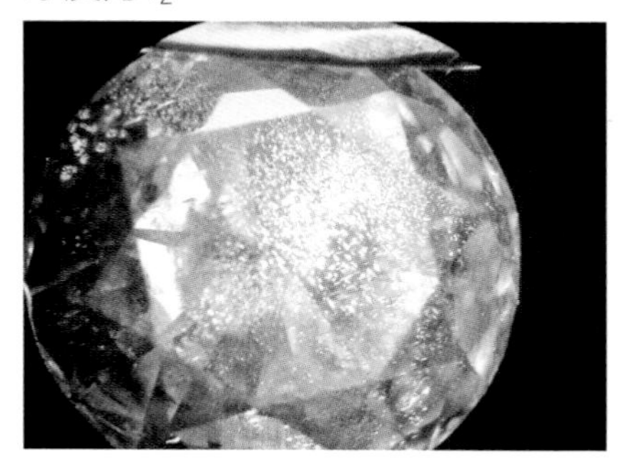

有雪花般的内含物，净度为 I_3，但能说 I_3 就不美吗?

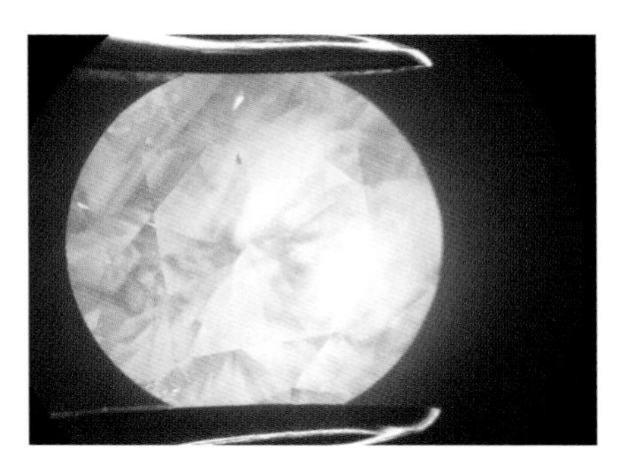

朦胧如月般的神秘美感，是彩白色钻石（Fancy White）的特色。（放大 10 倍、净度为 I_1）

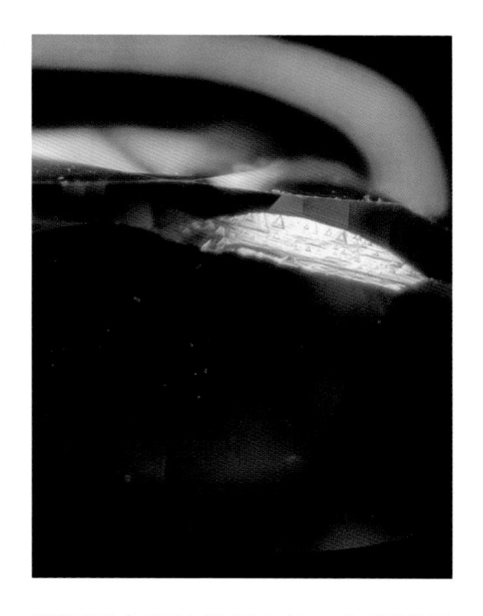

腰围下方原始晶面上的三角印记是不是很美?

VS, 甚至 SI 以上等级的内含特征，不放大几乎是看不见的。

正中央的红色晶体使它成为 SI_1 等级，完全不减损钻石的美观和光芒。可能是一颗小小石榴石的内含物，不但给钻石添加了动人的地球形成故事，从经济层面而言，也使钻石价格更为亲民，不再高不可攀！

看到净度特征后考虑的方向

前面已详细介绍了钻石的各种内部及外部净度特征，它们对钻石整体外观与等级的影响，分别由下列五项因子所影响：

1. 大小（Size），大不如小，小不如无。

2. 位置（Location），中央不如边缘，正面不如反面。

3. 数目（Number），两个不如一个，没有最好。

4. 本质（Nature），裂纹不如晶体，大缺口不如刮痕。

5. 明显度（Relief，或称颜色，Color），越明显越差，颜色越易看见，越不好。

正中央可见底尖破损呈现的白色反射光，台面下方亦可见横向的内部纹理

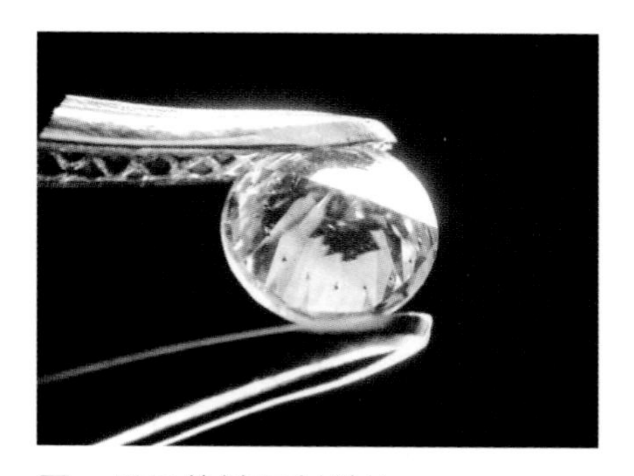

同一黑晶体被反射数次

判断等级时，需考虑所见特征在这几个方面的程度，如大晶体就不如小晶体（大小），正中央不如躲一边（位置），两个裂纹输给一个（数目），缺口不及小针点（本质），若内若物是黑晶体则容易被看见，吃了明显度上的亏。

谁说 I_1 就不美，I 级曾经被定义为 Imperfect（有瑕），与 Flawless（无瑕）相对，经过多年演变与人们对内含物的逐渐理解，现以 Included（有内含物）称之。宝石有“内含”恰可比拟人之有“内涵”！

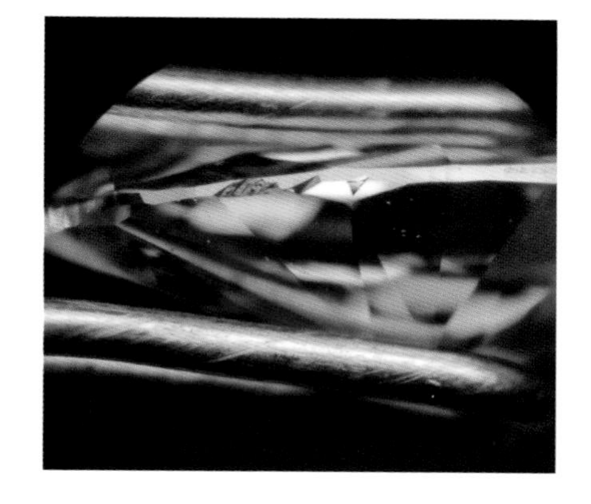

切磨的重要考虑之一是留存最大的质量，故腰围经常可见未抛除的毛坯原皮，称为原始晶面。照片中的左侧天然面呈沟槽状，右侧的则向内凹陷，视为内部特征

晶体内含物，透明无色。不放大，裸眼不易察觉

黑晶体，有人称为碳点，但不一定是石墨

净度分级练习

练习 1

问：一颗正中央（台面下）有一个小晶体，腰边有轻微内凹天然面的 40 分小圆钻，应评为什么等级？

答：1. 叙述不明确，无法判；

2. 如果此内含晶体和天然面的整体程度轻微，且于 10 倍放大下观察上属于稍微容易，则依定义可判为 VS_2。

净度 VS_1，由中央区数个小晶体构成的云状物决定。3 点半及 5 点位置的小白点是表面灰尘

净度 VS_1 级，影响等级的主要特征为中央的小白色晶体及 5 点左右近镊子的小羽状纹

净度 I_1 级，净度主要由中央横向的羽状纹，及 12 点处向下延伸的白色裂纹决定

净度 SI_1 级，7 点及 11 点方向的两个裂纹使其成为 SI_1

练习 2

问：2 克拉方钻底部近腰围附近有一小羽状纹，程度极轻微，观察非常难发现，可判为哪一级？

答：VVS_2，参见定义，即使有小裂纹仍可评为 VVS 级。

练习 3

问：可否根据图片判定钻石等级？

答：绘图是钻石等级判断的依据，正确的步骤是判定等级后，方行制图。由图反推经常造成错误，因为由图无法得知净度特征在程度上的轻重，或是观察上的难易度。

练习 4

问：图越干净是否就代表等级越好？

答：不见得。大部分情况是对的。但有些特征，如内部纹理或云状物，因其太密集或细微，只以备注标出，图反而显得干净，故仅以图不能准确推估等级。

练习 5

问：净度分级法则是否会因钻石形状而有所不同?

答：不会，不论何种外形的钻石，皆以净度特征在观察上的难易程度作为判断依据。有的外形（如祖母绿阶梯式），因切磨之故，台面下特征极易暴露，有时鉴定员在评价时会稍予考虑。

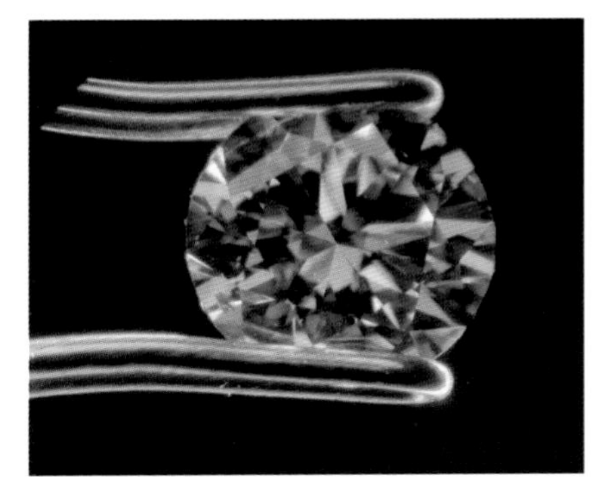

有时 SI_2 级即使在放大镜下也不易看见，内含物完全不影响钻石光彩

练习 6

问：额外刻面和天然面为何一定要画出?

答：这两者在净度等级的决定上通常无关紧要，但因是良好的辨识特征，得以和其他钻石作区分，因此制图时通常加以标明。

左为完整图，右为放大图。这颗 SI_2 的内包体乍看好像多了点，但其实并不影响光线的穿透和钻石的亮度，本身也具有相当的美感。Ib 型的钻石有时可见类似的短钉状内含物

净度分级与法官断案类比

净度等级的判定从某些层面上和法官断案有些类似。钻石鉴定员综合考虑净度特征之本质、大小、位置、数目及颜色后，依程度轻重予以定级；法官则考虑犯罪者的动机、手段、造成的损害及犯罪后悔意等情节之轻重，追究刑期。

钻石净度的划分只有 11 级，各级范围间具有足以区别的叙述用语与规范。再者，净度等级的制定是为方便从业者间及与消费者进行质量认定的沟通，旨在促成钻石的销售，此点则与法律条文的制定不尽相似。

净度分级并不困难，每个人只要稍加训练，便能准确地评定出钻石的等级。毕竟大家能有一致的见解，才是钻石得以在人们心中维持一定价值与信心的所在。同一颗钻石，如果三个专家分别评出三个等级，甲说 VVS_1、乙说 VS_1、丙说 SI_1，莫衷一是，那还有谁愿意花大价钱购买呢？

在反射光下可见本钻石台面上有许多张力裂纹

台面从 9 点到 6 点方向反射光下可见成排的表面纹理

等级高不一定就比较美

制定钻石等级，主要为了交易方便，为买卖双方提供指标参考，和美观并无绝对的关系。换言之，等级高的钻石不一定就更美丽。

9 点位置的小羽状纹及 11 点的小晶体使其净度成为 SI_1，
但并不十分影响其美观，且仅本钻石价位实在又不失美丽

两颗其他条件相近的钻石，一颗为 IF 级，另一颗为 VS_1 级，目视外观的美感（美的程度）不分轩轾，几无差别。等级上的差异只是稀有程度的反映，等级高的 IF 价值高，纯粹是“物以稀为贵”的表达。当然，人们追求完美的动力也不能忽视。越是高质量，往往越能激起人们的拥有欲。这也是近年高档钻石价格不断上扬的原因之一。

如只将钻石作为装饰宝石，理智的消费者可量力而为，依预算选择适当的等级；如当作投资商品，则应多注意市场趋势，但谨记所有投资均有风险。另外，钻石的变现及转售率亦不宜忽视。

通常，钻石到了 I_1 等级才会有裸眼可看见的内含物。SI_2 级或以上，不经放大镜，在肉眼下几乎都是“干净的”。即便是 SI 等级，内含物泰半不会影响入射光的运行，也就是说光学效应不致减损，外观上和无瑕的钻石一样亮丽。因此，也有人开玩笑把 VVS 说成 Very Very Stupid（非常非常蠢）以讽刺非 VVS 不买的人。其实，把它解释成 Very Very Sweet（非常非常甜美的）也不错。鉴于 SI_2 到 I_1 的范围过大，市场也兴起了增加 SI_3 级的呼吁，雷朋博也从善如流，在报价表中加入此一等级，予以呼应。

台面 5 点位置清楚可见表面纹理，2 点位置的两大晶体使净度成为 I_1

内含物并非一无是处

净度分级系以“不含内含物”的程度为依据，内含物越看不见，等级越佳。人们选购钻石的时候，也不希望看见内部有“东西”。但钻石内部有“东西”也不是一无是处。这些“东西”（内含物或内包体）如果很美，则其本身就能吸引收藏家的兴趣——就像有人专门收藏包有古生物的琥珀一样。

内含物的功用，主要有几种。

1. 作为品质分级的标准和依据。

2. 作为指认的根据。天下没有两颗宝石的内含物完全相同，如人的指纹，可资分别。

3. 对于某些宝石而言，内含物可以协助辨识其品种。例如，荷叶状内含物为橄榄石特有，蜈蚣状为月光石特有，这种现象相当有趣。

4. 内含物可协助侦测宝石的处理。就钻石而言，激光钻孔漂白、裂缝填充，以及某些高温高压改色处理的钻石，会留下可被检测到的痕迹。

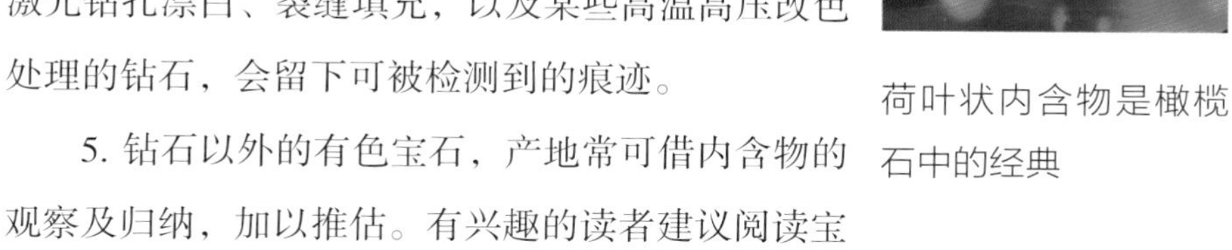

荷叶状内含物是橄榄石中的经典

5. 钻石以外的有色宝石，产地常可借内含物的观察及归纳，加以推估。有兴趣的读者建议阅读宝石内含物学泰斗古宝琳博士（Dr. E. J. Gübelin）所著《宝石内含物大图解》（*Photoatlas of Gemstone Inclusions*）。

澳大利亚的阿盖尔以粉红钻享有盛名。粉红色因为晶格平移错位，常呈现双晶或纹理，反射太强的双晶或纹理会影响净度评级

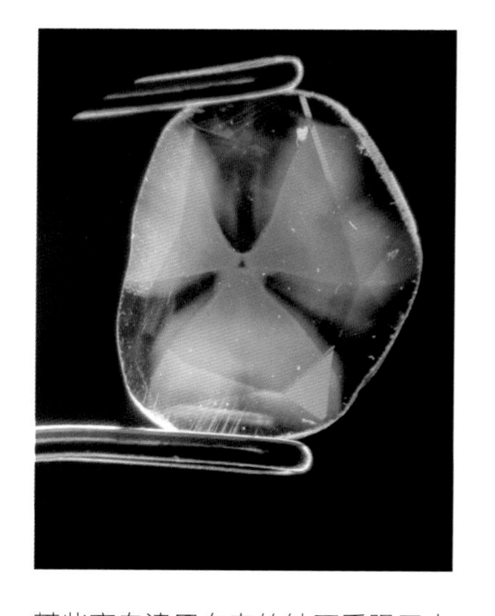

某些产自津巴布韦的钻石受限于中央透明度不佳，常被切成薄片，并因此受到设计所喜爱。放大镜下白色区域日光下呈黑色，是因为这些区块含有大量的氢原子

6. 宝石内所包覆的晶体与物质，可提供科学界研究地球内部、远古地球环境等重要的科学信息。

Loupe Clean 与 Pique

欧式语法和美式语法常有些微的差异，如港口一词欧洲为 Habour，美国人则拼成 Habor。同样地，在称谓钻石内部干净与否时，美国人用 Clarity 一词［指是否明澈（Clear）］，而欧洲人则写为 Purity，意为纯净度。（如仅译为纯度，则予人成分上的纯度之联想。）

GIA 制度中最高的两级 FL 及 IF，欧洲影响力最大的 HRD 鉴定所则以 Loupe Clean（10 倍放大镜下干净，或直译镜下无瑕）对等。I 的净度级美方由“Imperfect（有瑕级）”修订成“Included（内含级）”，欧洲人则写成 Pique（有裂级）。

第三节　颜色（Color）

——可经比对的 C

市面上绝大多数的钻石予人“无色”的印象。其实，钻石具有各种颜色，只是彩色钻石比较罕见罢了。占钻石产量 98%以上的原石为带有少许的黄色或棕色的近无色，另有不到 2%带有其他色彩，如绿、蓝、粉红、橘等。据统计，已切磨的宝石级钻石中，约万分之一（也有数据认为约三千分之一）是黄和棕以外的颜色，称为彩钻。

不垫在白棉上，这颗几乎就要看不到“颜色”的“Faint Pink”（微粉红）钻石会被当成近无色白钻

即使是原石也得先初步分级（图片来源：DBGM）

颜色的分级

钻石颜色的分级有两大类：

1. 近无色而带了些黄色或棕色（或说褐色）。[①]

2. 带了黄色或棕色以外的颜色。

第一项即传统市场统称的“无色”或“白色”钻石，并且依据它们带黄或带棕的程度（或说不带黄或不带棕的程度），设定了由最无色的D到较多色的Z等级。若所含的色（黄或棕）超过Z，则进入彩钻（Fancy）范围，成为彩钻。凡符合第2项所述，含了黄或棕以外的颜色，则直接视为彩钻（Fancy Colored Diamond）[②]，依彩钻分级制度评定等级。

近无色而带了黄色或棕色是钻石中最常见的颜色

① 英文的Brown可译为棕色，亦可译为褐色，棕色或褐色于中文有明暗、深浅认知上的差异。

② Fancy Colored Diamond指带有黄或棕以外色彩的彩色钻石，而Fancy Cut Diamond，或Fancy Diamond则指圆形以外其他形状的钻石，例如方形、心形、椭圆形等。

D 到 Z 的分级原理

南非名矿开普或普里米尔出产了许多微黄色的钻石，澳大利亚享誉全球的阿盖尔则出产大量带棕色的近无色钻石。两国的钻石在颜色分级上有所差别吗？

答案是，没有差别。

D 到 Z 颜色范围的钻石，系以其颜色的“深度”（Depth of Color），或者说是颜色的量（Amount of Color）、颜色的浓度（Intensity of Color），来决定颜色等级，并以一英文字母来表示。比较容易了解的例子，像是在一杯装了纯水的玻璃杯内滴入茶汁，滴得越多，则颜色越“深”、越“浓”或说量越“多”。而不论黄色茶汁的乌龙茶或棕褐色茶汁的普洱，均是以加入的量作为分级评定的依据，无关色彩。

至于多少量会达到次一个等级，则需建立一套众人信服的标准。

由左至右分别为 E, H, K，虽然间隔了好几色级，但仍需在倒放后从底部观察，才能分出颜色等级差异

上述 3 颗钻石翻至正面，颜色差别极小。又因正面有七彩火光和刻面反射的闪光的干扰，故近无色钻石的成色分级，以反面的底部为准

合成二氧化锆的颜色，因时间久远可能变质，图中五颗比色石原为 E、G、I、K、M，最右侧已呈不安定的灰蓝色

鉴于此，GIA 在 20 世纪 50 年代，选定了一套称为“比色石”（Master Stones）的钻石，作为比对的基准，并为业界提供比色石对色服务。今日许多的鉴定业者及钻石买卖业者均有自己的比色石组，大家在颜色的沟通上方便不少。

钻石带黄色或带棕色的量越少，等级越高。最高的一级从 D 开始，据信是取自钻石的英文 Diamond 的首字母，借以和外行区分。

近无色系列钻石的比色方法，是将钻石台面朝下倒放，和比色石作比对。翻过来的原因是，要避免正面火彩和闪光带来的干扰，由底部观察能较清楚看清体色（Body Color）。

比色石最高色的一颗是 E 色，任何比它无色、色更少（也有人习惯说更白）者，均可称为 D 色。每个字母代表一个颜色范围。比 F 色比色石更少色，但未少于 E 比色石者，则视为 E 色，依此类推。每一个字母代表一个范围，两颗同等级的 F 钻石放在一起，也可能一颗比另一颗更“白”，有点像高考的分数线，同时考入同一大学同一系的两人，分数也可能稍微不同。

这套比色石选定前，钻石业已经有一些颜色的分级方式，因此 GIA 在选取时，也是以行业内既存的制度作为参考，并将颜色尺度粗略划分成以下分类：

颜色说明	代表颜色
无色 /Colorless	D–E–F
近无色 /Near Colorless	G–H–I–J
微黄（棕）/Faint（Yellow or Brown）	K–L–M
很淡黄（棕）/Very Light（Yellow or Brown）	N–O–P–Q–R
淡黄（棕）/Light（Yellow or Brown）	S–Z

超越了 Z 的颜色范围，则被归为淡彩黄（棕）色（Fancy Light Yellow or Brown）。

无比色石成色分级的目测

在无比色石的情形下，娴熟的专业人士亦可约略估量出钻石的成色，但毕竟是估计，一两级的失误在所难免。

（图片来源：DBGM）

估量成色时，分别由正面及反面观察未镶钻石的颜色。已镶者可能受座台金属颜色的干扰，误差更大。

在没有比色石的情况下，经验老到的从业者在 K 色的钻石正面即可看到颜色，而普通人则约在 M 色时才感觉到钻石的颜色。

正面	反面	估计颜色范围
无色	无色	D–E–F
无色	微色	G–H–I–J
微色	淡色	K–L–M
淡色	淡色	N–O–P–Q–R
多色	多色	S–Z

D比K贵，未必较美

和净度等级一样，高成色钻石较为稀少，价格也高，但硬说D色比K色美，就像说西施比貂蝉漂亮，任谁也不能同意。要说什么颜色最好，并无一定标准，颜色等级高所反映的是稀有度和价值，但以佩戴装饰而言，你喜欢的颜色，就是最好的颜色。

切磨也是影响钻石亮丽与否的重要因素。体色白或微黄皆可很美，但若切磨比例不佳，以致形成漏光等有损钻石光芒的情形，即使成色再高，美感也将大打折扣。反过来说，一些消费者普遍“以为”成色不够好的K、L、M等微色等级，切磨得宜，散发出迷人的七彩色散，并且闪闪发光，若和前述切磨比例不良的“高成色”钻石并列，无疑在视觉美感效果上，都强许多。

即便是两者其他条件相仿，D色与K色在同等优良切磨比例下，各自散发钻石应有的优异光彩，各有其美，无法说前者美过后者。

观察钻石颜色的小秘密

钻石的颜色观察应在白色背底之上（左图），本钻石正确颜色为K，K已是相当白的成色。但通常钻石皆以蓝纸作为包装内垫（左图），蓝可遮盖一些黄色，前述K色钻石在蓝纸上显得更白。

颜色与成色

一般人使用颜色（Color）这个词时，通常是叙述如红、橘、黄、绿、白、黑等具体可见的物体颜色。硬要将几乎见不到“颜色”的 D、E、F、G 等级的钻石说成有“颜色”或“白色”，似乎有些牵强，名不副实。

浓到如图之棕咖啡色钻，也有人称之为“巧克力”

钻石的“白”和瓷器的白色有着显著的区别。如果因为透明度低，钻石呈现乳白色时，外观较接近瓷器，此时被视为具有“颜色”的彩钻，此时该钻石可评为“彩白”（Fancy White）级。

俗称“白钻”的是无色或近无色钻石，以代表符号 D 色、E 色、F 色叙述。展示 D 色钻石时，向不具钻石概念的人炫耀：“这是 D 色的钻戒。”难免让人如丈二和尚，摸不着头脑。对一个外行人来说，D 是个英文字母，怎么会是颜色呢？

和右侧相较，左侧钻石沾了些微的“绿”，因此被评为彩钻，等级为最弱的微绿色（Faint Green）（颜色因印刷可能稍重）

“成色”一词已广泛用在黄金（K 金）成分的说明上，例如 18K 的成色，即纯度 75% 的黄金 K 金。借用成色一词来说明近无色系列的钻石，在逻辑上和对门外汉的解说上似乎颇为实用。例如，说：“这颗钻石是 F 成色，那颗是 H 成色。”感觉顺畅不少。

荧光反应的影响

荧光（Fluorescence）是物质受紫外线照射时，将不可见的紫外线转化成可见光的一种现象，荧光反应对大多数宝石的美观具有正面加成。这个词最早由萤石（Fluorite）而来。许多矿物宝石具有荧光效应，它因具有夜间（自然界中有紫外线）发亮的能力，故曾被做成“夜明珠”。

除萤石外，另一种较为人熟知的荧光宝石是缅甸红宝石。在本身已是红色的前提下，还能散发中到强的荧光，使其外观感觉似火红热炭，故赢得了“鸽血红”（Pigeon′s blood）的美誉。红宝石少了荧光就没那么炽亮，无法呈现鲜艳美丽的鸽血红特质。

有三到四成钻石在紫外线长波（366 纳米）照射下会产生荧光反应，其中大部分为由弱到强的蓝色，但也可能有其他颜色，世界知名的“希望”钻石即发出非常迷人且罕见的红荧光！通常钻石鉴定书会列出荧光反应一项，且就其强度分成微弱（Faint）、弱（Weak）、中度（Medium）、强（Strong）及很强（Very Strong）等。

荧光是钻石一项科学特性，本身并无优劣可言，但某些强荧光在少许情形下可能导致钻石透明度稍受影响。这类钻石以往被称为“火油钻”，以描述其油蒙状的感觉。但此类钻石并不多见，业内经常以讹传讹，误以为荧光是不好的性质，显然矫枉过正了。

内行的业者知道蓝荧光对微黄的钻石有加分效果。钻石的包装纸内衬几乎都是蓝纸，便是利用蓝对微黄有遮掩效果的原理。J、K、L、M 等微黄色钻石若伴有蓝荧光，外观上比无荧光者略白一些，卖相反而得到提升，故国际报价上略上升数个百分点。这点恰与许多业者见有荧光反应便心生排斥大相径庭。

三四十年前无色及近无色的 D、E、F 等级别的钻石如具有蓝荧光，甚至被当成一个突出卖点，被称为“蓝白钻”或“水蓝钻”。这当然也是一个误用，今日已无人使用。今天的消费市场对于高成色钻石的要求是无强烈荧光反应，因而使带有中度以上荧光反应的钻石在售价上低于无荧光者数个百分点。

近年来，误谬的观念导致业者及消费者在面对带有荧光的钻石时，往往以负面角度审视，不但错失了买到优质美钻的机会，也对此类钻石的销售形成极大阻碍，许多卖家甚至以“无荧光”作为销售点。GIA为导正此观念，特别在小钻石证书内加放了一张对荧光的说明卡，内述GIA的研究显示荧光的强度对钻石的外观并无显著影响，在极少数情形下，某些钻石带有极强荧光以致呈油雾状外观，此类钻石仅占GIA鉴定数量不到0.2%。其实荧光对钻石无不良影响，某些时候还有加分效果。

此外，雷朋博先生曾在演讲时提到市场对于带有荧光钻石的一些误解，特别对荧光作了澄清。在他看来，荧光并不会对钻石的美和价值带来负面影响，只有故步自封、对钻石的学问不求甚解的业者，才视荧光为钻石的负面指标。其实，有些钻石因荧光而变得更美，甚至价格也因此而稍微提高。

无论时代对荧光的接受程度如何，它只是物质的一个特性。懂得善用此特色的人，依反应的强弱，打造出能在幽微光线中展现特殊图案的项链产品，找到带荧光钻石的市场。

全球最大的钻石生产集团——俄罗斯的埃罗莎（Alrosa）公司，从2020年11月起，在美国推出以“Luminous”为品牌名的荧光钻石（Luminous一词有发光、夜光、发亮的意思）。鉴于近20年来有荧光的钻石在业内被误解，使得消费市场莫衷一是，钻石的价格也相对减损。

埃罗莎公司对2000位消费者进行科普教育，通过事后问卷得知，有83%的消费者愿意购买带有荧光的钻石，74%的人可能花更多的钱来选购这种更“独特”的钻石。假以时日，或许带荧光的钻石有可能回到20世纪 80 年代前价格比无荧光钻石更高的状态。

发荧光钻石的比例

1997 年 GIA 的《宝石与宝石学》（*Gems & Gemology*）季刊，实验部副总裁汤姆·摩西（Tom Moses）等人针对 26 000 颗的 D 到 Z 色（非彩钻）钻石的研究指出，有 35% 的钻石在 360 纳米的紫外线长波照射下会有荧光反应，其中 38% 为微弱反应，62% 为中度到强度，这当中 97% 为蓝色荧光，只有 3% 为其他如绿、黄、红、紫等颜色荧光。

荧光反应也可作为宝石鉴定上的参考指标。许多人工钻石因生长方式与天然的不同，呈现出区块状的特殊荧光反应。若紫外线灯源移去后，宝石荧光仍持续一小段时间，则此时定义为磷光（Phosphorescence）。

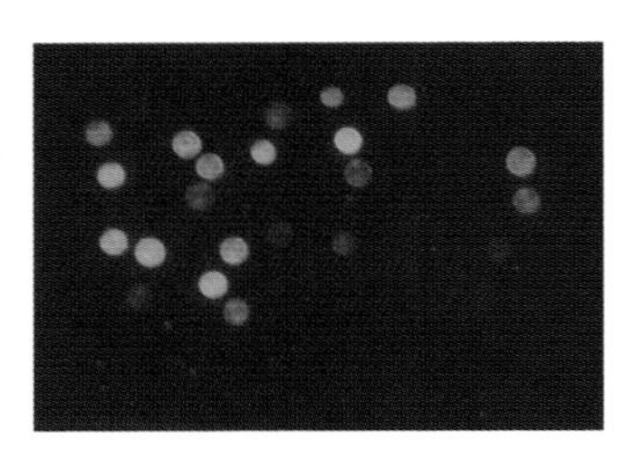

钻石具有各种荧光反应，有强有弱，图中具有强烈黄荧光者有些是因为辐射或高压高温改色的结果

检查钻石是否有荧光的工具是紫外线长波（Ultra Violet Long Wave，UVLW），其波长为 366 纳米。宝石鉴定用的紫外灯具除长波外也配备 254 纳米的短波紫外线（Short Wave，SW）。大部分宝石在长波下产生荧光的概率和强度高于短波，但也有许多例外。

这两波段之所以称为紫外线，是因为人眼可看见的光波介于 400 至 760 纳米，400 纳米端为紫色，而 760 纳米端为红色。前述 254 纳米及 366 纳米因落于紫色端之外，小于 400 纳米，故称为紫外线，而以 366 纳米为长波，254 纳米为短波。

银行用的紫外线验钞灯也是365纳米的长波紫外灯。其原理同样，是检查钞票上特殊油墨的荧光作用。紫外线短波常见于冰箱或烘碗机内的杀菌灯。紫外线短波对人眼有害，应避免直视。操作时灯具上除指示灯外，建议在观察区放置强荧光指示物，以便知悉灯具是否开启，否则若不小心以眼直视灯具，可能造成视神经的永久伤害，因此不可不慎。

在一般光源下

在紫外光源下

彩钻的分级

所有的彩钻英文皆可称为 Fancy Colored Diamond（亦可写作 Fancy Color Diamond），此处的 Colored 可涵盖非天然颜色的彩色钻石，包括经辐射处理、高温高压处理而得色的钻石。但不是所有的彩钻都被评为彩（Fancy）级。

3颗和黄色有关的彩钻，从左至右淡彩黄（Fancy Light Yellow）、深彩橘黄（Fancy Deep Orangy Yellow）、淡彩绿黄（Fancy Light Green-Yellow）

钻石的颜色（所有物体皆然）由三部分组成，亦称为颜色的三要素。

1. 色相（Hue），眼睛对颜色的基本印象，例如红、绿、蓝等基色。

2. 色调（Tone），亦称明暗度，即物体对光吸收的强弱。

3. 色饱和度（Saturation），亦称浓淡度，即色彩的饱满度。

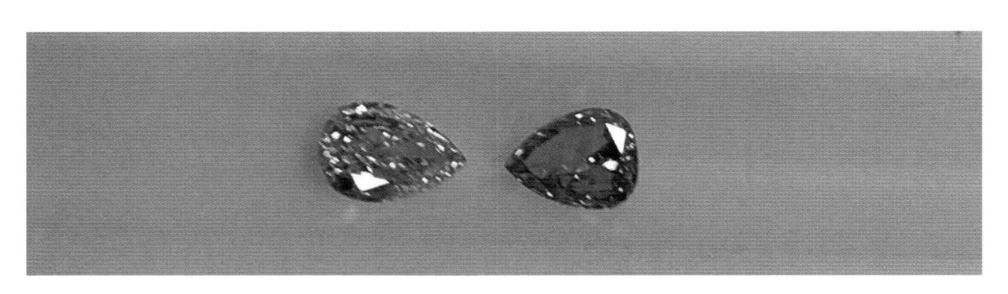

右侧紫粉色浓度远大于左侧，左侧为淡粉色（Light Pink），右侧为浓彩紫粉（Fancy Intense Purple-Pink）

色调与饱和度组合出颜色的强弱（Intensity of Color），决定了彩钻评定上的等级，由最少色的微色（Faint），到最多色的艳彩（Fancy Vivid），共9种，以粉红色为例。

	种类（英文）	种类（中文）
1	Faint Pink	微粉红
2	Very Light Pink	很淡粉红
3	Light Pink	淡粉红
4	Fancy Light Pink	淡彩粉红
4A	Fancy Dark Pink	暗彩粉红
5	Fancy Pink	中彩粉红
6	Fancy Intense Pink	浓彩粉红
6A	Fancy Deep Pink	深彩粉红
7	Fancy Vivid Pink	艳彩粉红

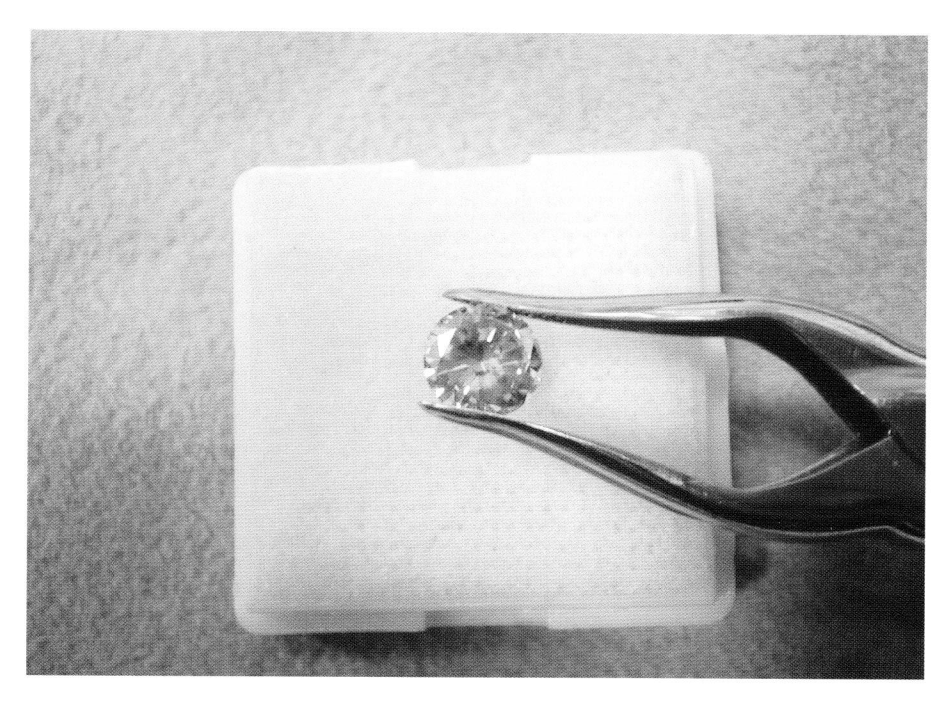

未经专业训练，很少有人看得出这是颗“彩钻”。就那么一点“绿”，使得它符合彩钻的定义，被 GIA 评为中彩绿黄棕色（Fancy Greenish Yellow-Brown）

1 到 7，数字越大，代表颜色越浓、等级越佳，价值也越高，至于 4 和 4A、6 和 6A，则是色度（颜色浓度）在近似范围，有英文字者色调较暗，故 4 与 4A、6 与 6A 需实际比较，才能决定何者较优。

本钻石被评为很淡黄色（Very Light Yellow），约为 U 到 V 的成色，尚未达到彩钻等级

色量最低的微粉红和最饱满呈鲜艳的艳彩粉红，两者除了外观上差别极大，价格上也天差地别。以 1 克拉彩钻而言，前者可能以个位数的万美元计价，后者克拉单价则可高达 30 万至 50 万美元，甚至上百万美元。

“鱼与熊掌不可兼得”可以贴切形容彩钻在净度上的折中。同时兼具颜色和高净度的彩钻可谓“双重”稀少，价格自然不低，想拥有美丽的彩钻，心理上要有所调整。

为满足市场需求，包括 GIA 等知名鉴定机构核发一类仅评定彩钻颜色等级，而不注记净度与切磨数据的彩钻鉴定证书，俗称“半证”。

从左至右钻石颜色分别是 M、淡黄色（Light Yellow）及淡彩黄色（Light Yellow）

左侧为纯黄色不带绿，而右侧则带了绿。两者在彩钻的评定上宽松略有不同，两者在“浓度”上虽近似，但左侧被评为淡彩黄（Fancy Light Yellow），而右侧则被评为浓彩绿黄（Fancy Intense Greenish Yellow）

这颗黄钻里带了少许“棕色”，因此被评为彩棕黄色（Fancy Brownish Yellow），以与纯的彩黄色（Fancy Yellow）有所区分

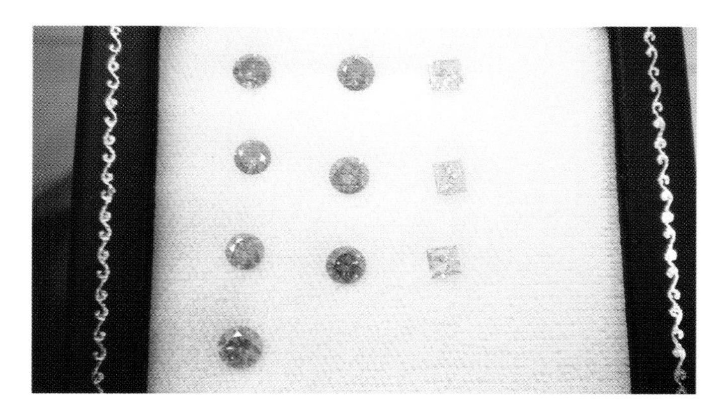

右侧三颗黄钻皆未达彩钻（Fancy）级，左侧颜色浓度较高，带了棕色

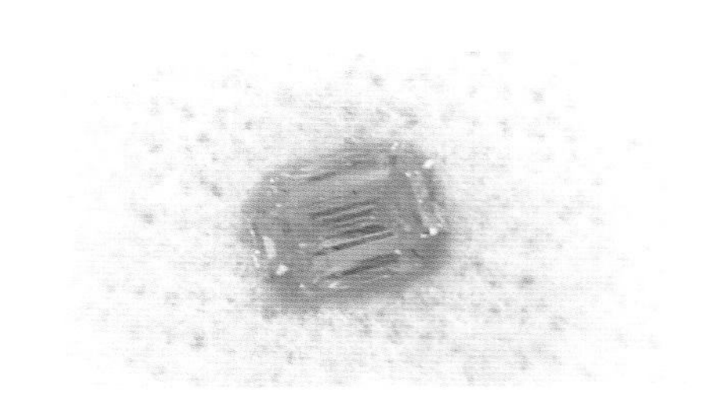

GIA 彩色钻石分级证书上颜色分级栏中有一项颜色分布（Distribution），通常被写为不适用（Not Applicable），但如图之切磨可见颜色集中两端，而中央较淡，则可评为不均匀（Uneven）

0.84 克拉的深彩棕橘色（Fancy Deep Brownish Orange）。纯橘色的钻石甚为稀少，带有棕色的相对多一些，但仍稀有

棕色带绿、色暗，被评为暗彩绿黄棕色（Fancy Dark Greenish Yellowish Brown）

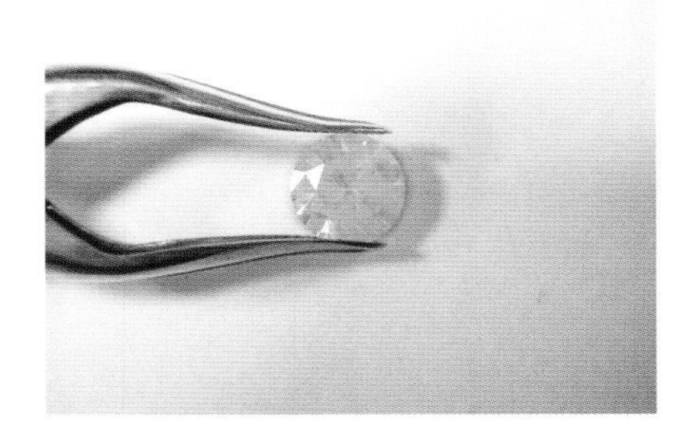

几乎可被评为彩白色（Fancy White）的乳白色钻石，具有较多的云状内含物，连一般放大镜都看不见的由微小粒子引起的混浊状彩白钻石，而被评为 F、I_3

彩钻卖的是颜色

凡是带黄或棕以外色彩的钻石都可称为彩钻（Fancy Color Diamond）。只带黄或棕者，色深须超过Z，才能称为彩钻，带黄或棕的近无色系列倘若有了其他色彩，也应以彩钻视之。故彩钻虽然稀少，但不至于百万中不得一。据统计，平均每万克拉的宝石级钻石中，有1克拉彩钻，概率约在万分之一左右（亦有统计认为在三千分之一上下）。

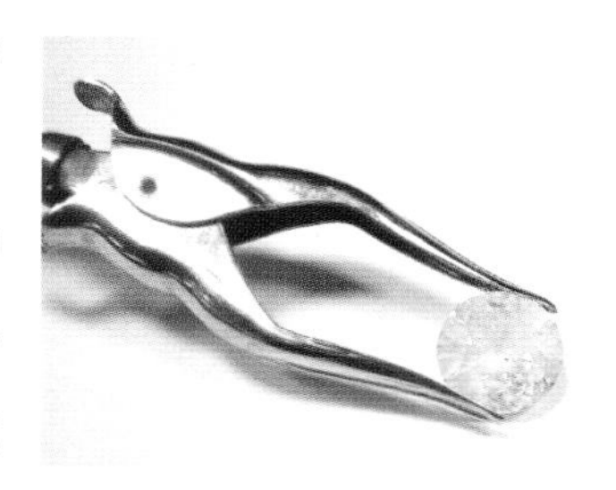

彩白色（Fancy White）钻石不同于D到Z的近无色钻，多了份“朦胧”的美感

彩钻的稀有性和色彩有着相当的关系，最稀少的为红色、紫色、绿色和纯橘色，再者是粉红色和蓝色，而以棕色为最大宗，黄色次之。

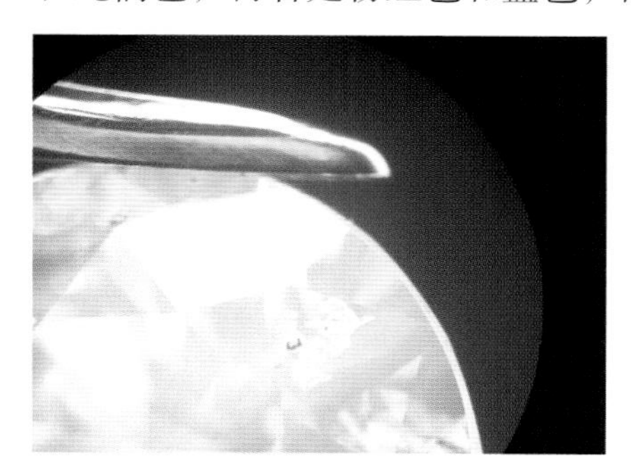

彩白钻（Fancy White）在显微镜下亦是白茫茫一片

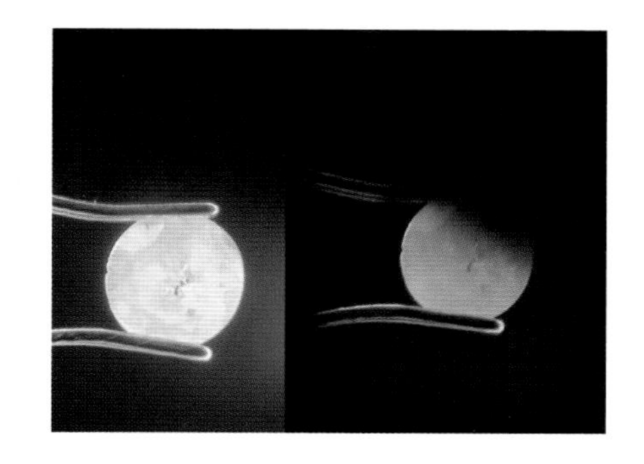

彩白钻是否予人皎洁明月的联想?

彩钻的颜色越浓（色的量越多，如水中滴入的颜料越多），价值越高。简单来讲，彩钻卖的就是颜色，颜色越罕见的越贵；颜色越饱满，价值也越高。最稀有的红色、紫色、绿色和纯橘色，经常出现每克拉数十至数百万美元的成交价。即使是较普遍的黄钻，浓度最饱满的艳彩黄色（Fancy Vivid Yellow），每克拉的成交价也可达到10万至30万美元。

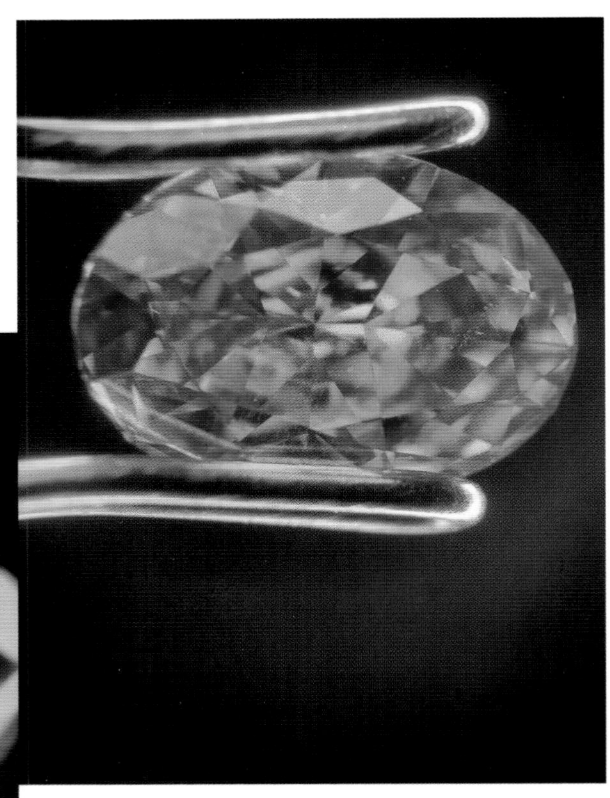

纯橘色钻石的稀有性不输蓝色和绿色，拍卖史上最高纪录为 240 万美元 1 克拉，名字就叫橘钻（The Orange）！

彩色钻石颜色的成因

黄色：氮原子取代了碳原子。

蓝色：有时为自然辐射，含硼原子时可导电，属第 IIb 类。

绿色：天然辐射（此类最难判定色源），含氢原子，绿色荧光也有可能形成绿色外观。

粉红色：结构缺陷（错位平移），如孪晶结构扭曲等。

棕色：与粉红色相似。

橘色：可能为结构扭曲加上微量元素（有推测含氧原子，尚未证实）。

黑色：含有石墨等黑色内含物。

灰色：含氢原子。

变色：俗称变色龙（Chameleon）的变色钻石，变色原因目前尚不清楚，推测可能是氢及镍等微量元素引起的。

美丽的彩钻原石
（图片来源：DBGM）

人们之所以能看见钻石的颜色，就是因为钻石被可见光照射后，进行了选择性吸收（Selective Absorption），未被吸收的光就形成了人们所看见的“颜色”。举例而言，黄色钻石就是钻石将可见光中的蓝、绿和红波段的光波吸收，而剩下的黄、橘波段通过，最终形成的颜色。宝石学开创之初，人们利用手持式光谱仪（Spectroscope）观察吸收线或吸收带，今日则以分光光度计（Spectrophotometer）以波峰、波谷的形式，检视各波长度的吸收值。

钻石常见光谱吸收位置及可能的颜色效果

位置 / 纳米	可能颜色	说明
415	黄色	称为 N3 色心，即 3 个氮包围一个空洞，大部分钻石属于此类，钻石的蓝色荧光也是因 N3 而产生。与 N2 的 477.2 纳米、465 纳米、452 纳米、435 纳米及 423 纳米统称为开谱线（Cape Series）
480	橘色	造成此吸收的钻石缺陷结构仍未明朗，有猜测和氧有关
503	黄绿色	由两对应的 N 包围一空洞构成，又称 H3 色心。此颜色除天然生成外，以辐照再回火热锻处理亦可生成
550	浓粉红色	以 550 纳米为中心的宽带吸收，推测是晶格错位平移形成
575	淡至中粉红色	推测是独立氮原子加上氮空位形成
740 与 744	绿色	推测晶格内有独立空洞
3107	灰绿黄色	傅立叶变换红外光谱仪可测得，3107 纳米是氢的吸收峰
2803	蓝色	2803 纳米为硼的吸收峰
1130	深黄色	又称 C 色心，系 Ib 型，对应单独的氮原子
1175	近无色至淡黄	又称 B 色心，是由 4 个氮包围一个空洞形成的，属于 IaB 型
1282	近无色至淡黄	又称 A 色心，由 2 个相邻的氮聚集形成的，属于 IaA 型

黄色钻石颜色的成因

黄色是天然钻石中最大宗的色彩。其主要成因是一部分碳原子被氮原子取代。在钻石形成初期，单独的氮原子进入碳的位置，此时为 Ib 类型；但随着时间的推移和温度的变化，氮原子逐渐靠拢聚集，形成 IaA、IaB 等新类型。

Ib 型钻石为单独氮原子造色，色浓，常见于济米矿

```
C — N — N
|   |   |
C — C — C
|   |   |
C — C — C
   IaA
```

```
C — N — C
|   |   |
N — C — N
|   |   |
C — N — C
   IaB
```

如为 3 个氮原子包围一个空洞（Vacancy），称为 N3 色心，钻石的黄色即由此引起，吸收光谱可见 415 纳米的开谱线。

```
C — N — C
|   |   |
N — V — N
|   |   |
C — C — C
  N3色心
```

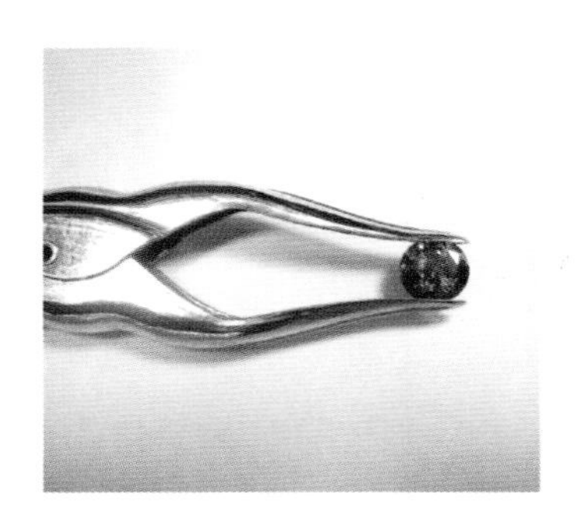

天然黑色钻石

其颜色因内部有极多的黑色“石墨”而得

绿钻的颜色最难判断

钻石之所以有颜色，原因有很多，有的是晶格本身的缺陷，有的是原子排列上的错位（平移等，棕色和粉红色即是此例），有些则来自成分内含极少量的“微量元素”，如氮元素可使钻石带黄色，硼不但可让钻石呈蓝色，并且使之导电。碳越纯，则越无色。

钻石的绿色源于辐射。大自然中有天然的辐射，因此，欲分辨钻石上绿色斑渍究竟是天然或人工辐射，难度极高。

彩色钻石鉴定书上，当颜色来源(Color Origin)一项注记为无法判定(Undetermined)时,表示无法确认色源究竟为天然或人工,此项最常见于绿钻。

4 克拉的变色龙钻石（左图），如此大，极为稀有，且变色前的深绿色（Fancy Deep Yellowish Green）亦是彩钻中极罕见的;变色龙钻石加热后（右图），呈现美丽的金黄色

2004 年至 2007 年一些彩钻拍卖记录

	拍卖日	拍卖公司	质量（克拉）	颜色与等级	拍卖成交价
1	2007 年 4 月 10 日	苏富比香港	6.10	变色龙钻石（Chameleon）	132 万港币成交
2	2006 年 4 月 9 日	苏富比香港	10.04	鲜彩粉红钻戒（Fancy Vivid Pink）	4828 万港币成交，创粉红钻亚洲拍卖纪录
3	2004 年 4 月 26 日	苏富比香港	10.80	心形鲜彩蓝钻戒（Fancy Vivid Blue）	3310 万港币成交，创当时亚洲蓝钻拍卖纪录
4	2007 年 4 月 10 日	苏富比香港	1.01	鲜彩紫粉红钻戒（Fancy Vivid Purplish Pink，VS_2）	210 万港币成交
5	2007 年 4 月 10 日	苏富比香港	4.34	马眼形鲜彩橘黄钻戒（Fancy Vivid Yellow-Orange）	252 万港币成交
6	2007 年 4 月 10 日	苏富比香港	3.77	祖母绿形鲜彩黄钻戒（Fancy Vivid Yellow，VS_1）	144 万港币成交
7	2007 年 4 月 10 日	苏富比香港	5.02	方形浓彩蓝钻戒（Fancy Intense Blue，VS_2）	1880 万港币成交
8	2007 年 5 月 30 日	佳士得香港	3.26	圆形彩黄棕钻戒（Fancy Intense Yellowish Brown）	14.4 万港币成交
9	2007 年 5 月 30 日	佳士得香港	1.86	很淡粉红棕色（Very Light Pinkish Brown）	15.6 万港币成交
10	2007 年 5 月 30 日	佳士得香港	1.62	鲜彩绿蓝色钻戒（Fancy Vivid Greenish Blue）	420 万港币成交

（续表）

	拍卖日	拍卖公司	质量（克拉）	颜色与等级	拍卖成交价
11	2007 年 5 月 30 日	佳士得香港	1.01	鲜彩蓝钻戒（Fancy Vivid Blue）	192 万港币成交
12	2007 年 5 月 30 日	佳士得香港	3.04	马眼形浓彩蓝钻戒（Fancy Intense Blue）	569.6 万港币成交
13	2007 年 5 月 30 日	佳士得香港	26.48	圆形浓彩黄钻（Fancy Intense Yellow，VS_1）	838.4 万港币成交
14	2007 年 5 月 30 日	佳士得香港	6.88	梨形中彩紫粉红钻戒（Fancy Purplish Pink，IF）	1062 万港币成交

TLB 与 TLC

钻石大盘商交易时常听见 TLB、TLC，甚至 TTLB、TTLC 等叙述颜色的专业术语。它们代表的意义为：

【TLB】 Top Light Brown（顶级淡棕）

【TLC】 Top Light Color （顶级淡黄）

【TTLB】 Top Top Light Brown（顶顶级淡棕）

【TTLC】 Top Top Light Color（顶顶级淡黄）

其实，就是大盘商用口语美化了微棕色或微黄色的钻石。不直接告知钻石成色，而用 Top（顶级）来吹捧钻石虽略带颜色，但品质好似更高档。比 Top 更佳，当然就用两个 Top，也因此比 TLC 好就是 TTLC，比 TLB 好就是 TTLB 了，但各家的 TLB、TLC 又是如何？只有买后才知道了。这跟在尚未以 D 为近无色钻石中最高等级前的市场类似。当年业者以 A 作为最高一级，有人顺势宣称自己的钻石优于 A，而有 AA、AAA、A+ 等说法。

GIA 在 1953 年推出钻石分级制度及鉴定服务时，摒弃了当时混乱市场的排序，改以 D（Diamond 的首字母）为成色的起始点，亦是基于此道理。

用矿的名字来形容颜色

比较传统的批发市场，有些人习惯以矿的名字来叙述钻石的颜色。例如，早期开普一地出产的钻石颜色通常带有明显的黄色，颇似今日瓶装的饮用绿茶，矿工们常将淡黄色钻石称为“开普”。如果是鲜艳的黄色，则又将其喻为“金丝雀”（Canary）。而河水（River）一词则用来称谓纯白无色的钻石，相当于今日 D、E、F 之最高成色。

以下即几个时至今日仍能在批发市场听到的“矿名”与对应的颜色。

韦塞尔顿（Wesselton）：顶级韦塞尔顿（Top Wesselton）被用来叙述 F、G 的颜色，韦塞尔顿为 H 色。

开普（Cape）：开普指 M、N、O 明显可见的黄色，而顶级开普（Top Cape）约为 L 色。

第四节　切磨（Cut）

——一串数字组成的C

“玉不琢，不成器”，这句话用在钻石上，也颇为贴切。切磨，亦称“车工”，主要目的是彰显钻石的光彩，在损失最少原石质量的原则下，带出最大的亮光和火彩。

钻石各部位名中英文对照

中文	英文	中文	英文
台面	Table Facet	腰围	Girdle
冠部主刻面	Upper Main Facet	亭部	Pavilion
星刻面（三角刻面）	Star Facet	底尖	Culet
上腰面	Upper Girdle Facet	亭部主刻面	Pavilion Main Facet
冠部	Crown	下腰面	Lower Girdle Facet

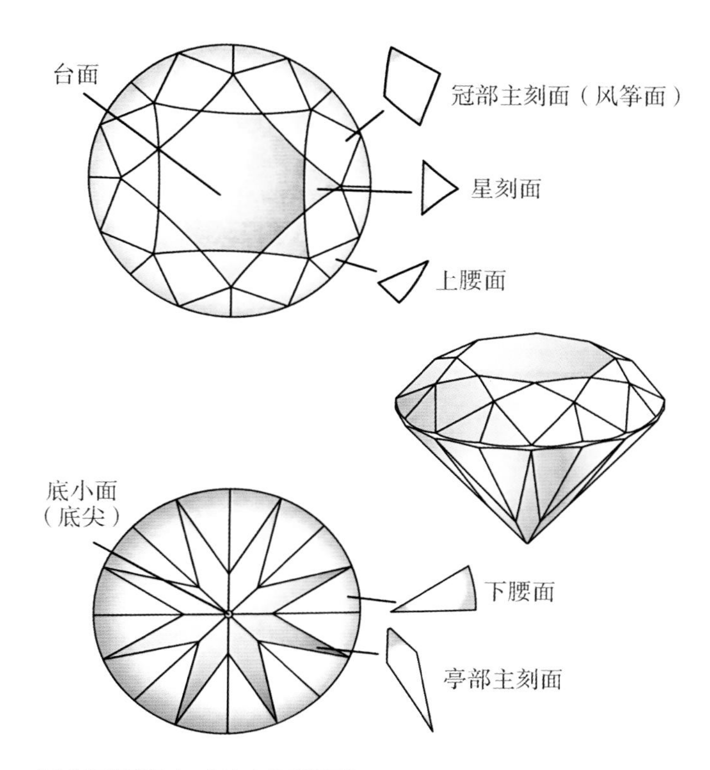

标准圆形明亮式的刻面排列

切磨与分级

数千年前的印度人，畏于钻石的神圣，且受限于钻石绝佳的硬度，不敢妄动钻石的外形，以免减损佩戴君王的神威。

14 世纪前，维持八面体原石外形，至多将表面磨亮。

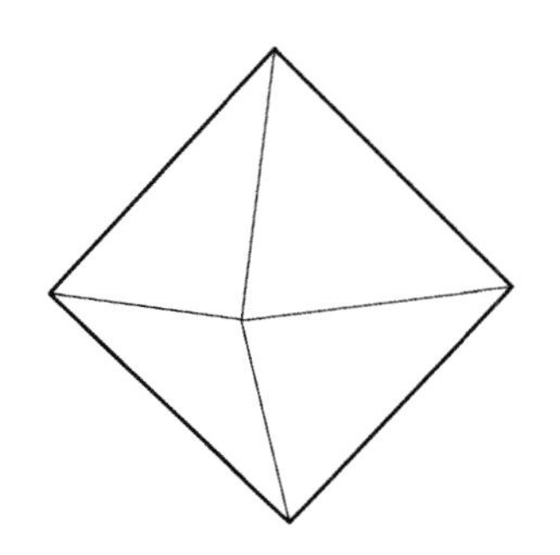
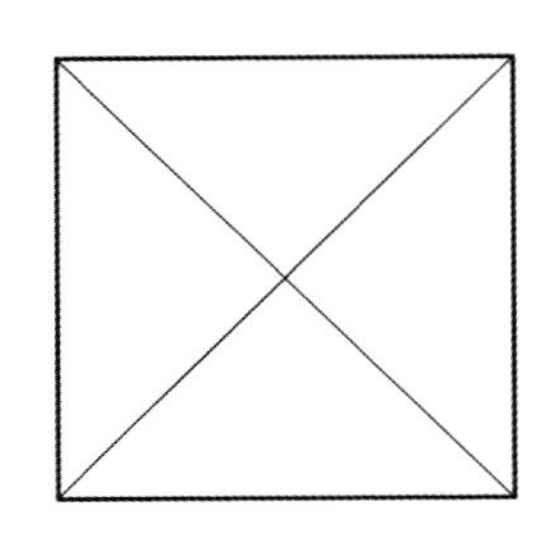

点式切磨（Point Cut）
保持原石形状，只将表面磨亮

15 世纪，台式，就是将八面式一端磨平而成，状似金字塔顶被削平。

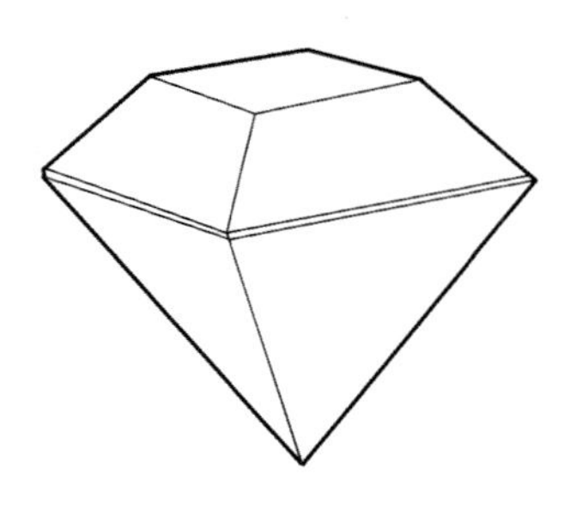
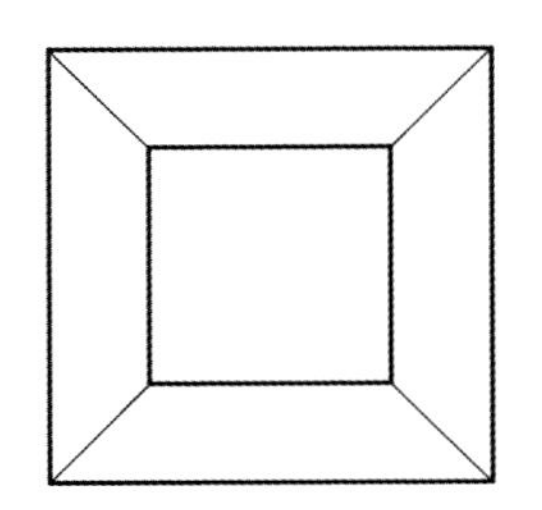

台式切磨（Table Cut）
削去一端成平顶

16—17 世纪，主流台式切磨。

16 世纪，玫瑰切，并在 19 世纪流行。

17 世纪，单翻式（Single Cut），为八面切（Eight Cut，Full Cut）的基础。

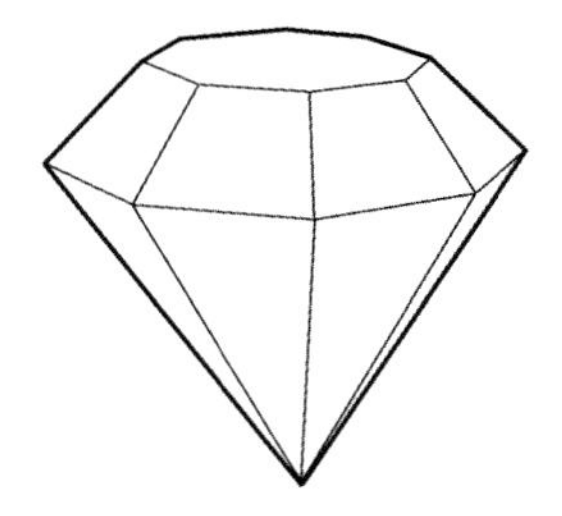
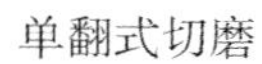
单翻式切磨

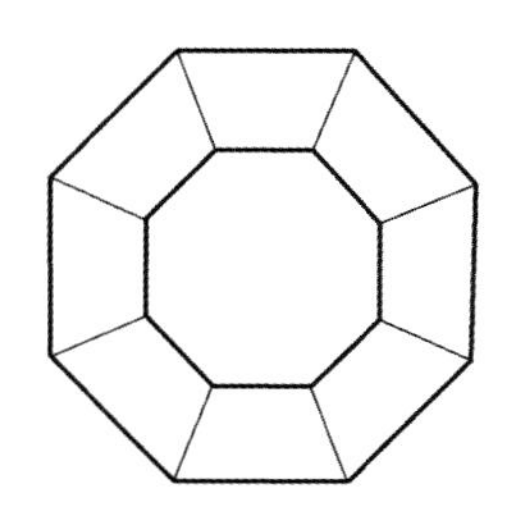
冠部

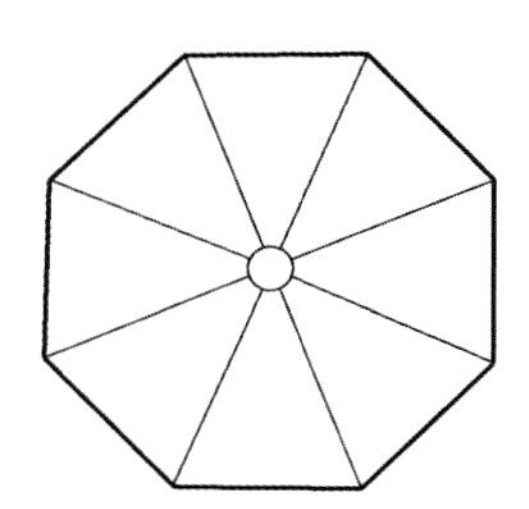
底部

17 世纪初，马沙林式（Mazarin），流行于欧洲的切磨师间。

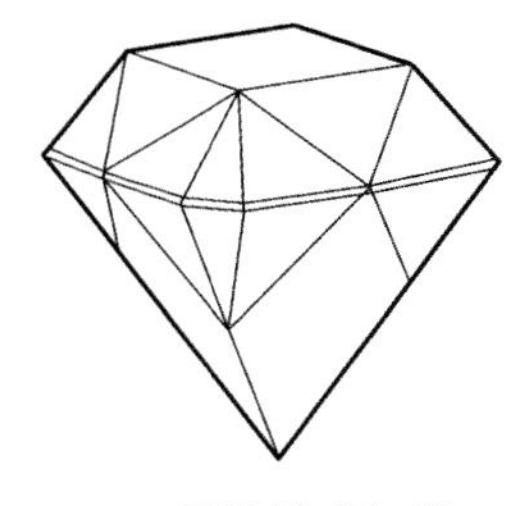
马沙林式切磨

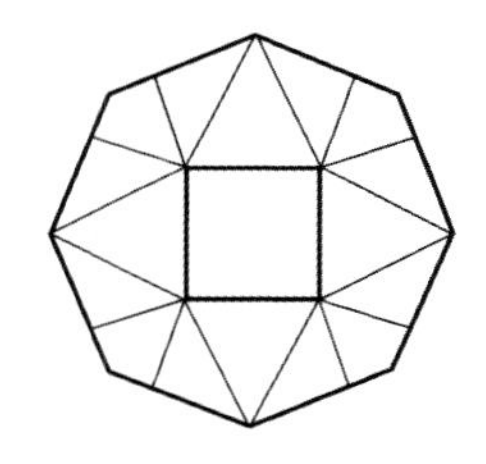
冠部

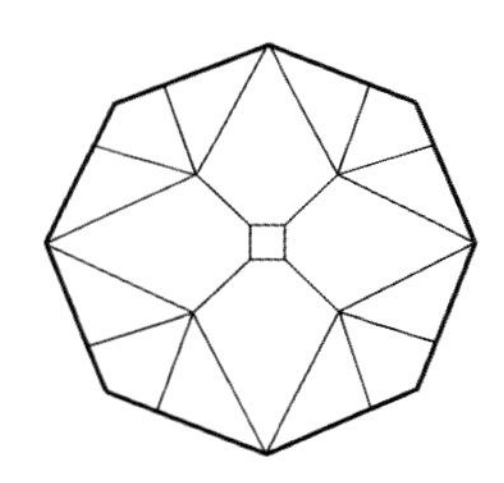
底部

18 世纪，老矿工式（Old Mine），巴西原石多做此形。冠高、底深、底尖大。老欧洲式（Old European）亦于此时诞生。

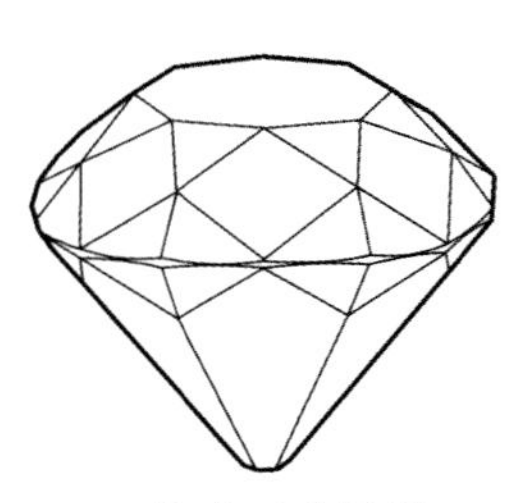
老矿工式切磨

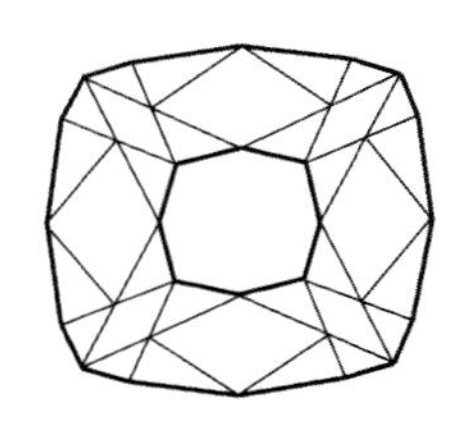
冠部

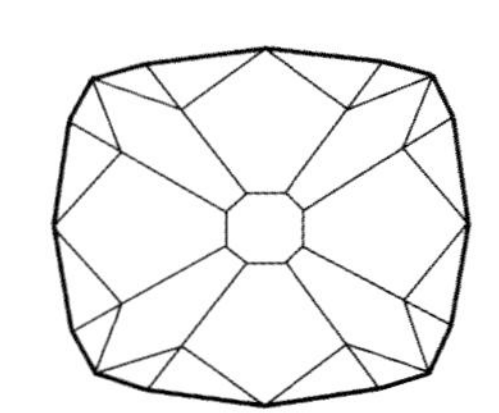
底部

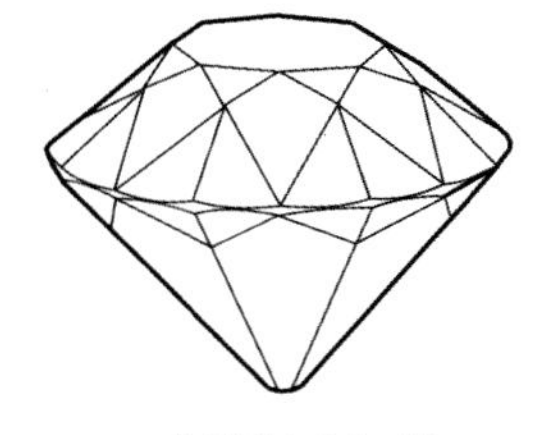
老欧洲式切磨

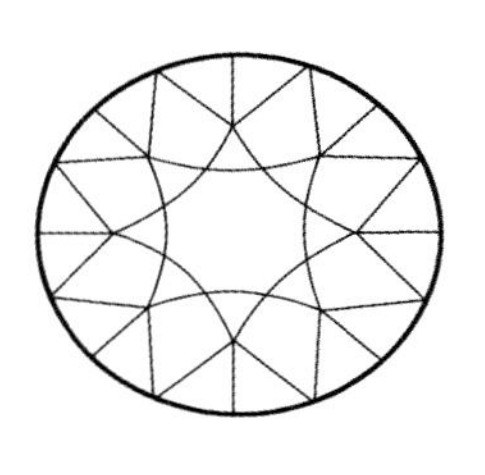
冠部

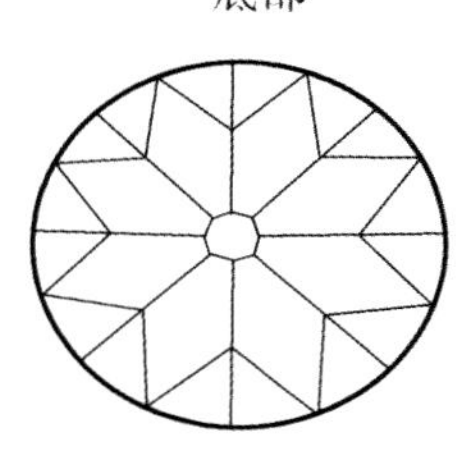
底部

20 世纪，圆形明亮式（Round Brilliant Cut）出现。

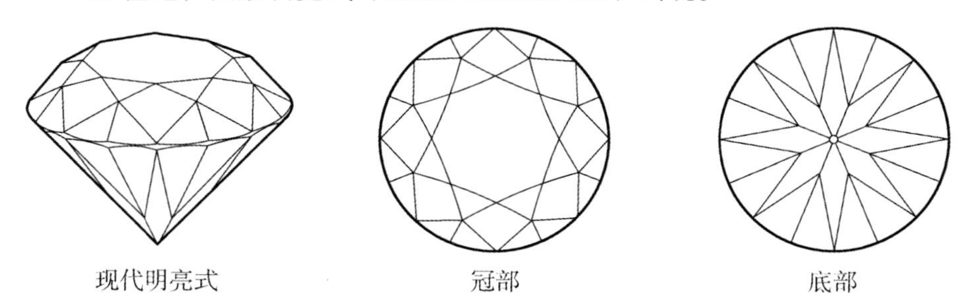

现代明亮式　　冠部　　底部

上述仅简单地列出了钻石切磨的发展历史，今日钻石市场最普遍且为人熟知的圆形明亮式也是循此途径代代改良而得。以下简述几种常见切磨方式。

玫瑰式（Rose Cut）切磨据推测源自印度，因状似玫瑰花瓣而得名。其有一端平的玫瑰式及双面突的玫瑰式，其上的刻面主要为三角形。梨形双凸的玫瑰式又称水滴琢形（Briolette），因状似菠萝，业内也有菠萝式的称谓。

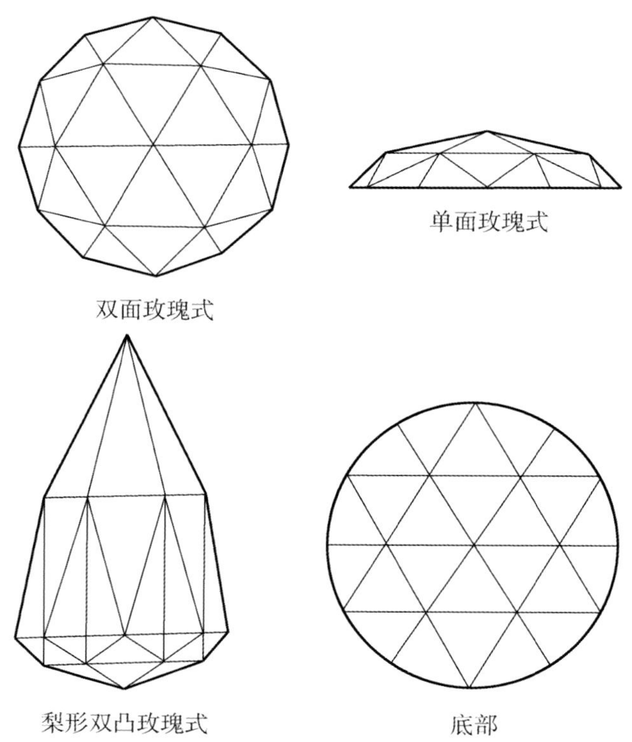

单面玫瑰式

双面玫瑰式

梨形双凸玫瑰式　　底部

菠萝式切法属双面玫瑰式切磨

17 世纪中叶，单翻切磨首度问世，这种由 1 个台面、8 个冠部刻面、8 个底部刻面组成的切法也奠立了日后全翻式（Full Cut）的基础。

同时期冠部 17 面，底部 17 面的马沙林式（或称双翻，Double Cut）也发展了出来。其外形似圆亦似方，称为垫形（Cushion），今日的瑞士切（Swiss Cut）即是其例。

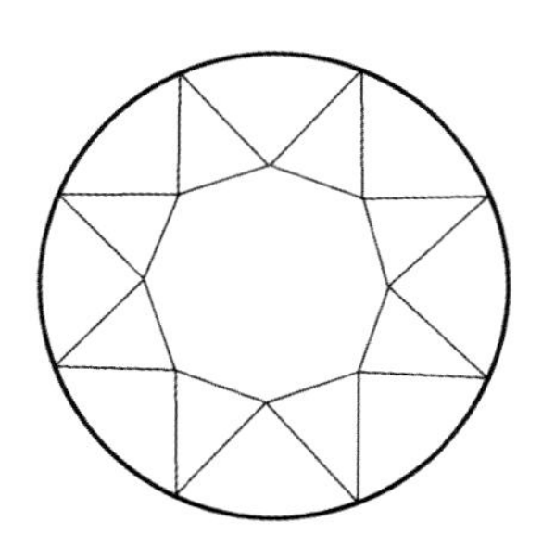

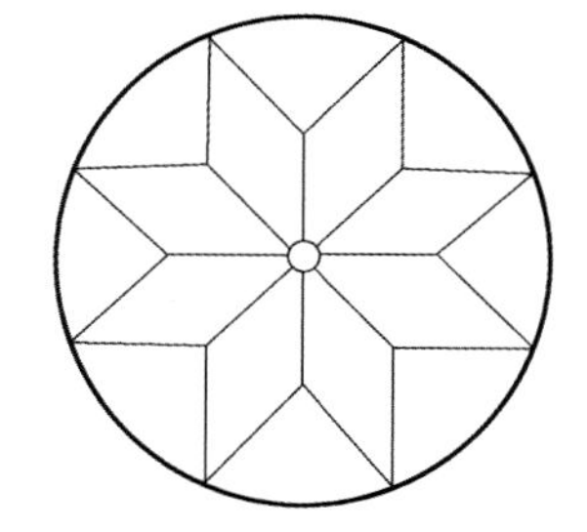

瑞士切为单翻

18 世纪，拜工业革命、巴西发现钻石及对光学的研究所赐，各种新奇切法不断发展，因而有了今日 58 刻面的前身——老矿工式，其特点为高冠部及深底。

老矿工式的改良版即为老欧洲式，是今日圆形明亮式的前身。

理想式切磨的滥觞

19 世纪末期，美国波士顿的钻石切磨师傅摩斯（Henry Morse）为找出能够将钻石光彩发挥到最大的比例而不断尝试。他找到一组理想的数值，但是并没有获得当时切磨业的认同。

1919 年，切磨师托可斯基（Marcel Tolkowlsky）发表了以研究钻石切磨比例的硕士论文《钻石设计》（*The Diamond Design*），印证了摩斯许多数值的可行性。今天，非常多的钻石以托氏比例为切磨的准绳，仅在小地方稍事修正；低质量的小钻，切磨时则以保存原石最大质量为最高指导原则。

1990 年代的钻石业，许多厂商采用修订后的托式比例，推广所谓“理想式切磨”（Ideal Cut）钻石。

不论各家立论根基在哪儿，单从切磨比例和角度无法判断一颗钻石是否迷人。经过研究，许多不同的比例组合，均能使钻石闪闪动人，发挥优异的光学效益。

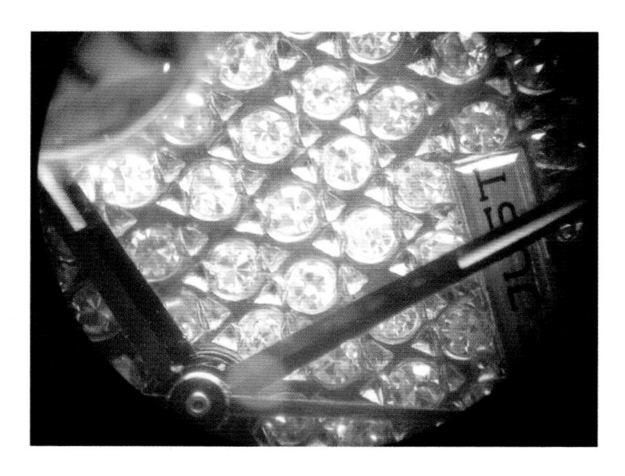

名牌手表内常以 17 个刻面的单翻式钻石镶嵌。
图中品质不够一致，可略推想应非原厂镶嵌

现代切磨样式

现代钻石的切磨形式有许多，叙述上通常先说明其外形，之后加上“切磨样式”（Cutting Style）。“外形”，顾名思义指其形状轮廓，如圆形（Round）、椭圆形（Oval）、心形（Heart）等。切磨样式则是刻面的排列方式，通常刻面的排列以中央为最大之台面，向外围以类似花朵绽放扩张法渐多，此种方式称为明亮式（Brilliant Cut）排列，如阶梯般一层一层排列，则为“阶梯式”（Step Cut）。祖母绿形切磨的钻石即最常见的阶梯式代表。

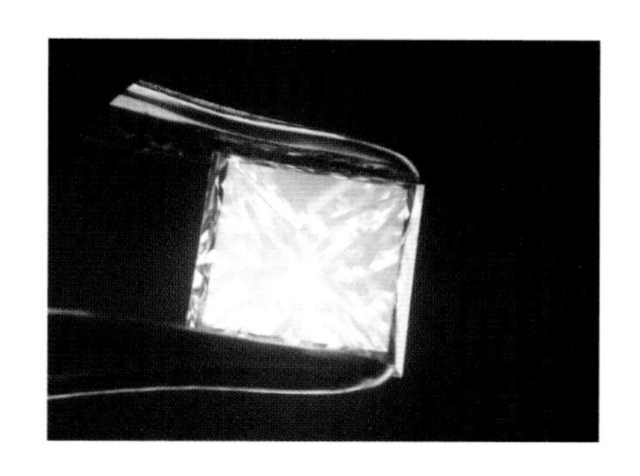

这种公主方形的台面极大，切磨损耗原石很少

拜激光刻技所赐，如图之特殊造型，甚至复杂的字母、动物造型都变得可能

利用激光科技，将钻石切磨成马头的形状

若宝石的刻面安排方式兼具上述两者，即冠部为明亮式，底部为阶梯式，则合称为“混合式”。混合式常见于有色宝石（如红蓝宝石）切磨。

圆形以外的切磨形状统称为花式切磨，常见的有椭圆形、梨形、祖母绿方形、马眼形、心形、公主方形，以及因彩色黄钻而流行的雷迪恩形。

宝石级钻石原石通常被切磨成圆形，但损耗的质量最多，晶体外形不佳或因净度因素（如扭曲严重的孪晶纹）则顺应形势，切成各种花式外形。自 1970 年代激光切割机发明之后，可切出如扑克牌、星星、动物等特殊造型的钻石。

花式钻石是否美观，与外形轮廓的“悦目”（或者说“顺眼”）与否有很大关系，又和长、宽的比例有关。以心形钻石为例，经过问卷调查，多数人喜欢长宽比适中的 1 ∶ 1，太细长或宽扁均不讨喜。同样的情形也发生在人们对椭圆形等其他外形的喜爱度上。喜好因人而异，但统计值代表多数人的认同倾向。这也反映在销量上。

美国一项消费者问卷的统计结果大概是这样的：椭圆形长宽比为 1.33~1.66 ∶ 1 为佳，马眼形长宽比为 1.75~2.25 ∶ 1 为佳，祖母绿形长宽比为 1.50 ~1.75 ∶ 1 为佳。

切磨品牌化

受精品业的影响，钻石业在 1990 年代末期也流行起“品牌”的概念，而最能彰显自家产品与众不同的，当属“切磨”的方式了。由外形的不同到刻面排列的变化，各钻石公司莫不绞尽脑汁，希望创造出最迷人、最打动人心的品牌钻石。

网络上列出一份由 A 到 Z“注册在案”的品牌切磨钻石，其中列举了由 Amity，Ashoka，...，Buddha，... 到 Tycoon，Zoe Cut 等约 120 种切磨专利品牌，为缤纷的钻石业带来更多生机。以下随机举几个人们较为熟知的品牌切磨。

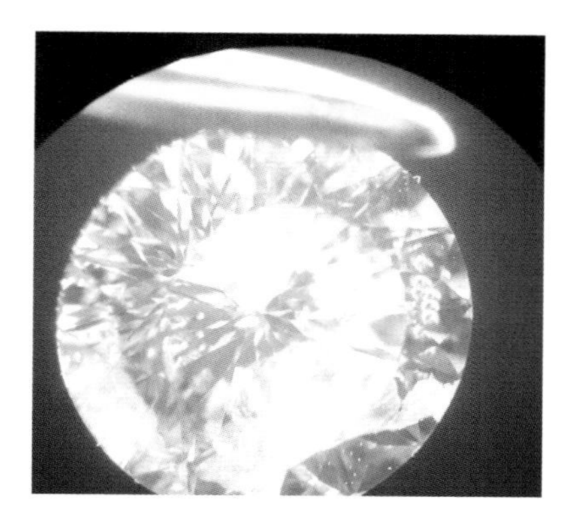

由中央可见底部刻面比传统的多了一倍，似千手观音，为新式切磨的一例，右侧 3 点位置一颗晶体也因刻面增多而反射成好几个

“钻石形”的钻石

1. 雷迪恩式（Radiant Cut）

黄色彩钻最常见的切磨形状即属本型。1977 年由格罗斯巴德（Henry Grossbard）研发的雷迪恩形切磨改良自祖母绿形的外形，却有着如圆形明亮式的火彩。该形状专利过期后，已广泛成为钻石切磨上通用的术语之一，一如传统的圆形、椭圆等，GIA 证书上将其描述为“截角改良长方形明亮式”（Cut-Cornered Rectangular Modified Brilliant）。

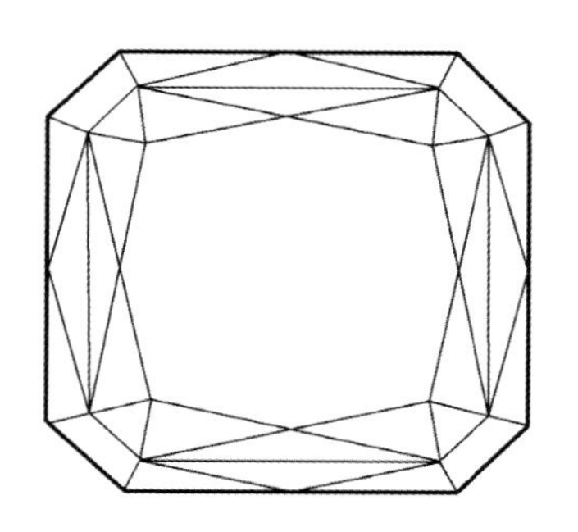

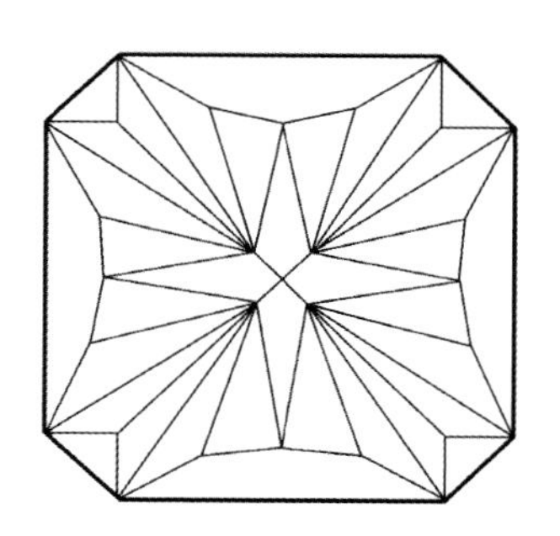

2. 阿斯切式（Asscher Cut）

1902 年，由后来受英国皇室之托切割史上最大钻石库利南的亚伯拉罕及约瑟夫·阿斯切（Abra·ham & Joseph Asscher）发明。其采用斜角的方形阶梯式切磨，特色为高冠、深底及四方形的底尖。

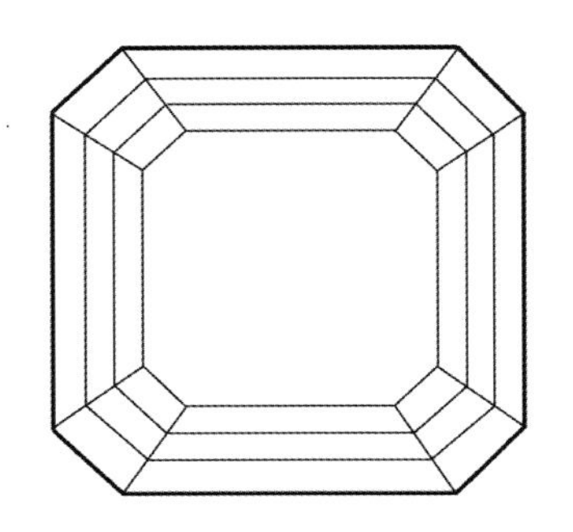
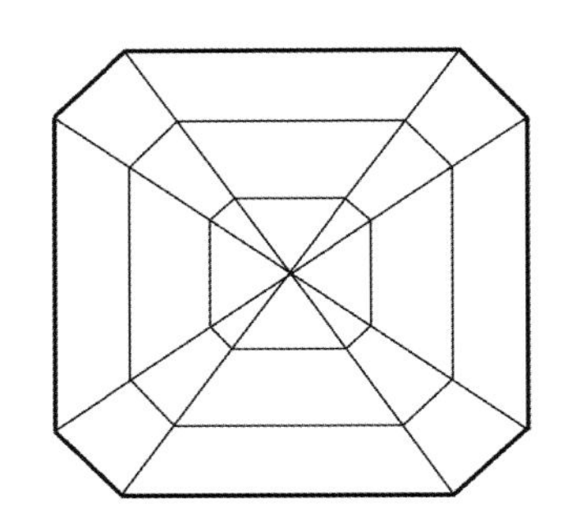

3. 弗兰德斯方形（Flanders Square Cut ）

1980 年末，比利时北方发展出的 62 个刻面近八方形切磨。其冠部近似前述阿斯切，底部则为圆形明亮式排列。

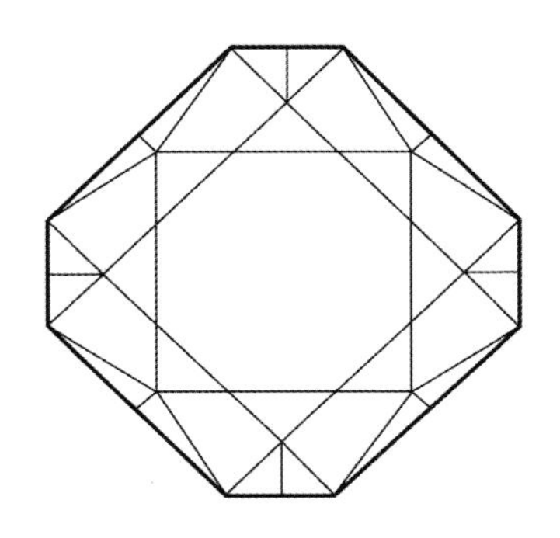
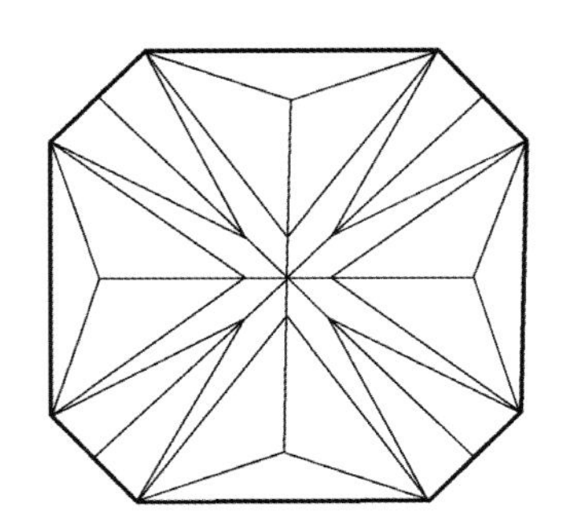

4. 大亨式（Tycoon Cut）

2002 年由大亨珠宝公司（Tycoon）注册，冠部 9 刻面，底部 24 刻面，台面为一钻石形状的菱形，并以“钻石顶上有钻石”为诉求。

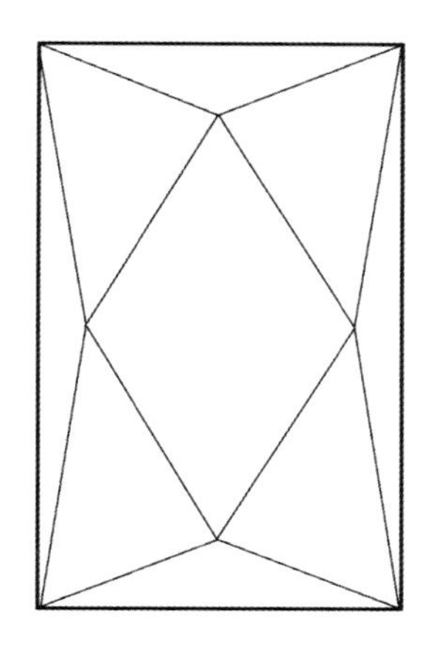
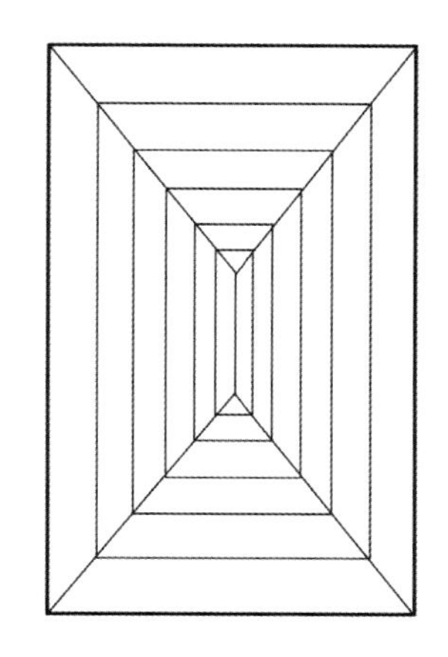

其他有趣的品名包括“十心十箭”的皇家明亮式（Royal Brilliant Cut）、66个刻面的路瑟式（Lucere Cut）、既方又圆的荷花式（Lily Cut）、8角形的88式（88 Cut）、蜘蛛网似的蛛网式（Web-Cut）等，不胜枚举。在可预见的将来，会有更多引人入胜的新切磨加入市场，带来活力。

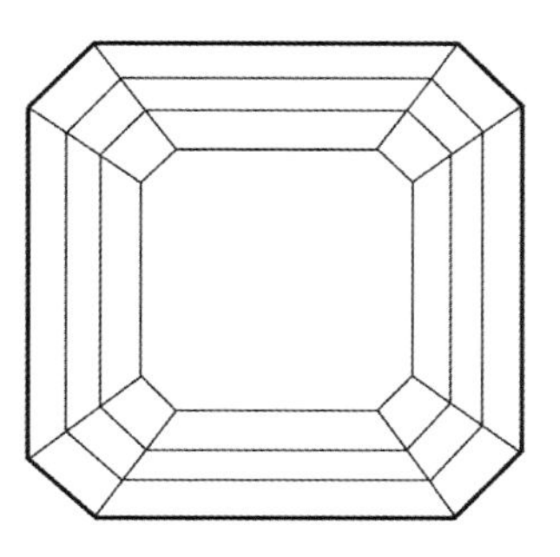
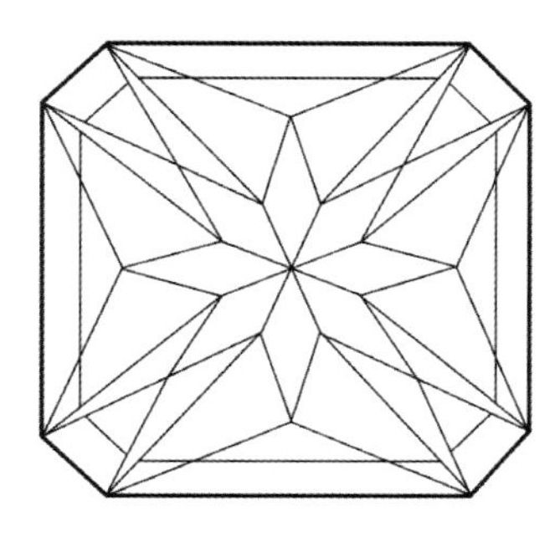

路瑟式

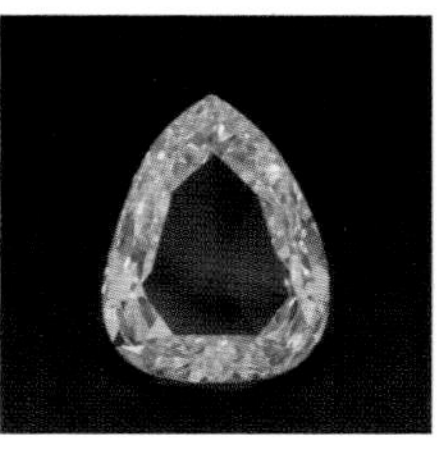

各种不同形状的钻石切磨

亮度、火彩和闪光

钻石的光亮可细分成三项：亮度（Brilliance）、火彩（Fire）及闪光（Scintillation）。

亮度：钻石表面反射及进入内部光线反射由正面穿出，进入观察者眼中白光的总量，亦可称为亮光。钻石以 2.417 的高折射率，使光线在表面形成反射，即使光线穿入，也多经数次全反射后由正面逸出，故钻石的亮度，优于大部分宝石。

火彩：又称色散（Dispersion），是钻石将入射白光分散成七彩光谱色逸出的能力。钻石刻面因具有斜度，可产生棱镜效果，将白光分散成如彩虹的光谱。

闪光：钻石、光源或观察者晃动时，钻石刻面表面如小镜片般反射的效果，称为闪光。

注意到七彩火光大多集中在周围吗？即中央区大部分是白色的亮光，而周围因是斜角而有较多火彩，故口诀是“台面大、亮光多、火彩少；台面小、亮光少、火彩多”

钻石优异的折射力创造了鲜明的亮度、良好的色散（色散率 0.044）带来美丽的五色火彩，极佳的抛磨硬度（摩氏 10）赋予自身无与伦比的反射闪光。钻石的此三项指标在天然宝石中属最优组合，然而要达到最大效果，需借助特定的切磨比例（尺寸与角度）。理想的切磨比例，也成为切磨师不断追求的目标。

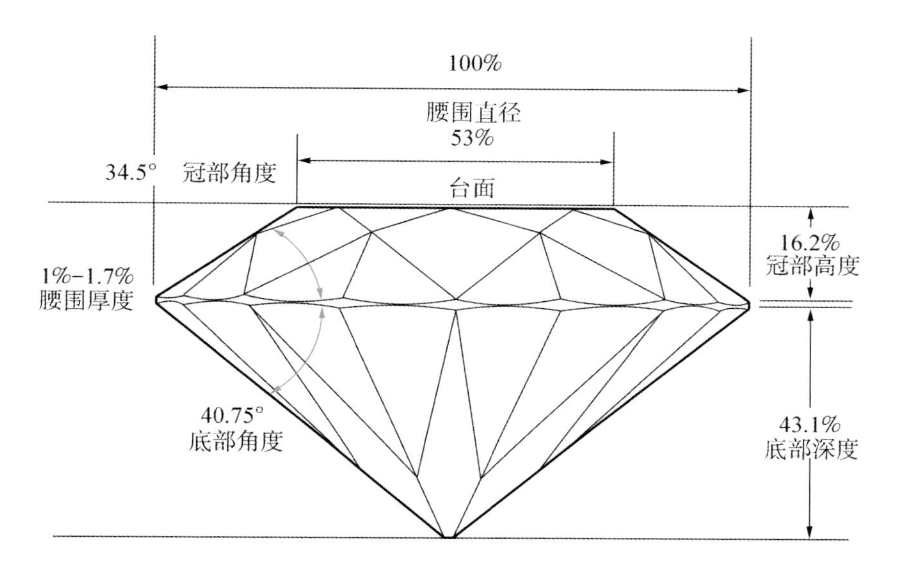

托可斯基的理想切磨比例
今日特优切磨与当年托氏理想比例稍不同的一点在于，台面百分比不再限于 53%，最大范围可至 62%

在切磨上，比例重于表面修饰

为引出钻石最佳的光学效益，切磨师在保存最多原石质量和遵循理想切磨比例间求取最大平衡。

与切磨比例（Proportions）相关的项目分别是台面的大小、冠部的角度、腰围的厚度、底部的角度、底部的深度，以及底尖大小等足以影响光在钻石表面及内部运行的因素。表面修饰（Finish）则是刻面磨亮程度（Polish，或称抛光）和刻面排列对称性（Symmetry）。这两项属于收尾工作。显然，一颗钻石是否明亮与切磨的比例关系较大，抛光和对称所组成的表面修饰，相对不那么重要。

切磨钻石

早期电脑钻石比例扫描仪未普及时，多数鉴定中心在鉴定书上不注明所有的比例条件，尤其缺对光源反射具有重大影响的底部角度与底深。然而，在表面磨光和对称两个不很要紧的项次下，以浅显口语如特优（Excellent）、优良（Very Good）、良好（Good）等逐项表列，常使经验生疏者误会，据此认定钻石车工良莠。

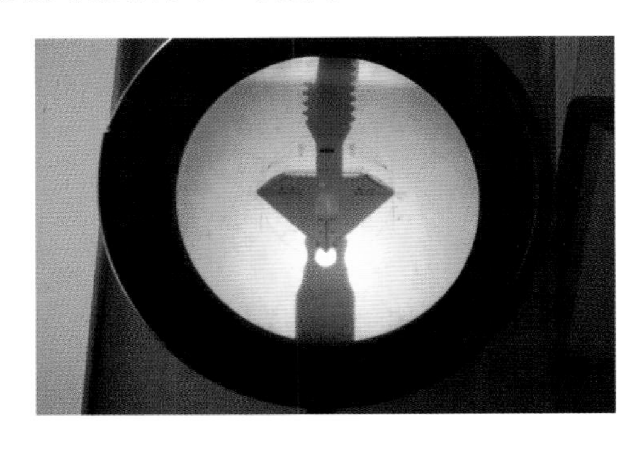

早期 GEM 仪器公司出品的比例投影仪

分级与实务

切磨由诸多数据共同组成，欲分级，有其复杂性和难度。托可斯基的提议虽广受好评，但也有杂音，光是最佳台面大小一项，就有不同见解。

1970 年代，哈丁（Bruce Harding）以数学运算法，提出一种新的切磨模式，引发了人们利用电脑模拟，找到最佳比例的钻石切磨法的热潮。

不论将来是否真能找到“最佳”的钻石切磨比例（需重新定义最佳亮度、火彩及闪光的组合平衡，这些都牵涉人为主观的认定）。钻石的切磨比例越接近托式理想值，钻石无疑将越亮，切磨等级越高。

2006 年起，在经过 20 余年的激烈争辩和研究之后，GIA 终于在鉴定书内增列了圆钻切磨等级（Cut Grade）的评定。五个等级评定语由高至低分别是：极好（Excellent）、很好（Very Good）、好（Good）、一般（Fair），以及差（Poor）。

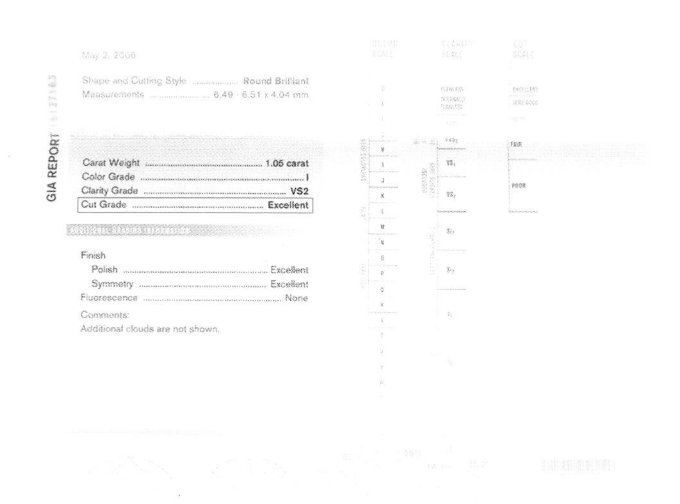

GIA REPORT

May 2, 2006

Shape and Cutting Style .... Round Brilliant
Measurements .... 6.49 - 6.51 x 4.04 mm

Carat Weight .... 1.05 carat
Color Grade I
Clarity Grade VS2
Cut Grade .... Excellent

Finish
Polish .... Excellent
Symmetry .... Excellent
Fluorescence .... None

Comments:
Additional clouds are not shown.

GIA 证书上的切磨等级栏

GIA 公布的切磨等级相关参考数据

	极好（Excellent）	很好（Very Good）	好（Good）	一般（Fair）以下略
全深百分比（%）	57.5~63	56~64.5	53~66.5	
台面百分比（%）	52~62	50~66	47~69	
冠角	31.5° ~36.5°	26.5° ~38.5°	22° ~40°	
底角	40.6° ~41.8°	39.8° ~42.4°	38.8° ~43°	
冠高百分比（%）	12.5~17	10.5~18	9~19.5	
腰厚	薄到厚	极薄到厚	极薄到很厚	
腰厚百分比（%）	2.5~4.5	2.0~5.5	0~7.5	
底尖	无至小	无至中	无至稍大	
星刻面长度百分比（%）	45~65	40~70	任何值	
下腰面百分比（%）	70~85	65~90	任何值	
磨光	Ex.—V.G.	Ex.—G.	Ex.—F.	
对称	Ex.—V.G.	Ex.—G.	Ex.—F.	

决定是否反射的临界角

临界角（Critical Angle）是光线穿入物质的最大角度。超过此角度，光线即形成反射，以和入射角相同的角度在物质表面反弹逸去。

钻石具有 24.5° 的临界角，亦有人写成$24\frac{1}{2}$°的临界角，也就是说在此角度内照射的光会穿过钻石的刻面入射，入射角度大于 24.5° ，则光线将以等同入射的角度反射。

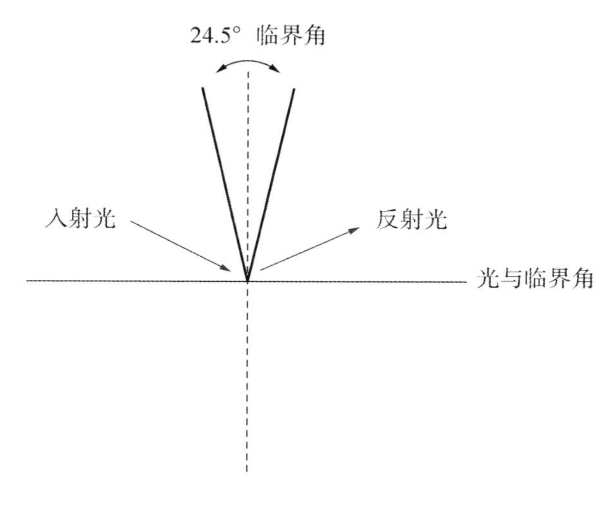

光与临界角

下页图是正上方光线照射钻石的情形。光线在和钻石初碰触的第一个位置，因垂直台面，故入射角为 0° ，小于 24.5° 的临界角，于是穿入内部，在抵达第 2 位置的底部刻面时，与图中虚线形成大于 24.5° 的夹角，即大于临界角，因而反射到 3 位置。如同 2 位置，由 2 入射来的光线也以大于临界角的缘故，再行反射往台面 4 的方向，在碰触 4 位置时因垂直之故，直接穿出钻石，被观察者以亮光形式察觉；若光线由斜边穿出，斜边刻面的棱镜会将光分散成七彩的光谱，进而形成火彩。也因如此，评断钻石切

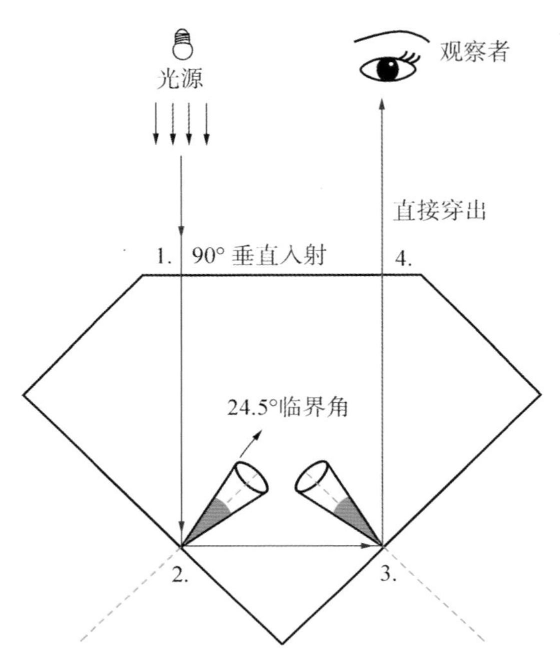

左侧穿入，右侧穿出

磨时，评估者在台面大时可见较多亮光， 此钻石的斜边区域较小，火彩也相对较小，而台面小时亮光较小，斜边面积增加，火彩也相对增加。亮光与火彩应如何平衡？市场（消费者）的喜好才是终极裁判。

中央台面极大，约 75%，把四周的星形刻面挤压成干扁的三角形

以下两图分别是钻石的底部太浅或太深，以致光线触碰底部时因落在临界角内，故造成光线直接穿透漏失的情形，这种切磨师不愿意见到的漏失，称为“非计划内的漏光”（Unplanned Light Leakage）。

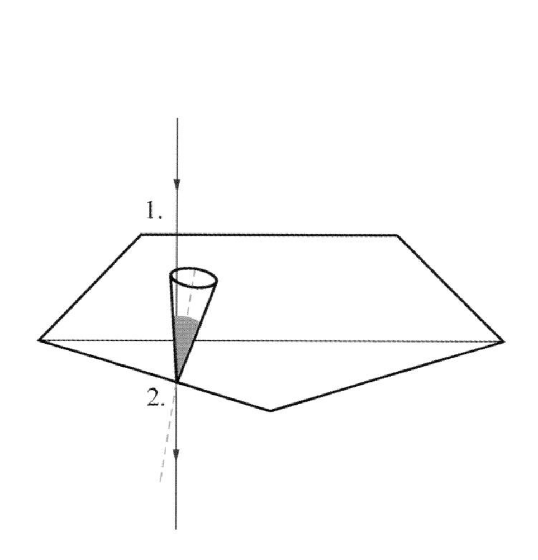

底部太浅，入射光于 2 处落在临界角内，直接漏出

底部太深，入射光在 2 处落于临界角外，反射至3处，此时恰落入临界角内，漏出

台面大小的评估

台面大小对钻石的亮光及火彩有影响，托式理想切磨希望的数值是 54%，数十年来，钻石业仅此一项因损失原石较多，稍加放宽到 60 % 出头，其余均尽可能符合其提议。

钻石中央最大的面为台面，台面的大小可利用反光估计，图中的台面属中等大小，约 60%

台面大小系以百分比（Table Percentage）为表达的基准，百分比的分母是平均腰围直径，分子是台面的对角线，关系式约略是：$\frac{\text{B至B}'\text{距离}}{\text{A至A}'\text{距离}}$

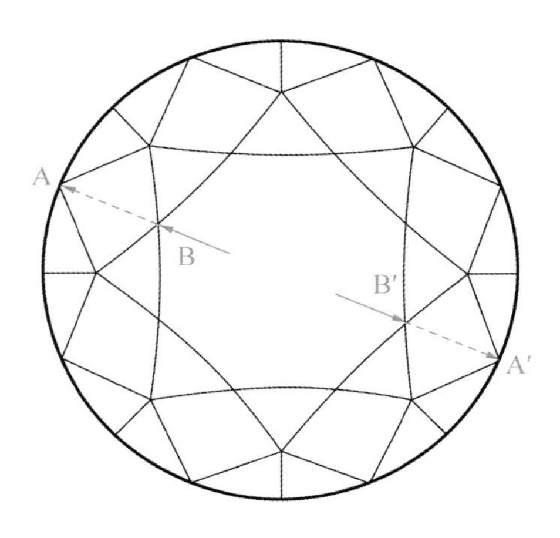

精确的说法是：

$$\frac{\text{最大台面对角线距离}}{\text{平均腰围直径}}=\frac{\text{四个台面对角线中最大的一个}}{(\text{最小直径}+\text{最大直径})\div 2}$$

例如，4 个台面对角线分别测得 3.82 毫米、3.83 毫米、3.84 毫米、3.80 毫米，腰围测数次分别得 6.68 毫米、6.64 毫米、6.63 毫米、6.61 毫米。依上式，台面百分比为$\frac{3.84}{(6.61+6.68)\div 2}=\frac{3.84}{6.65}=58\%$

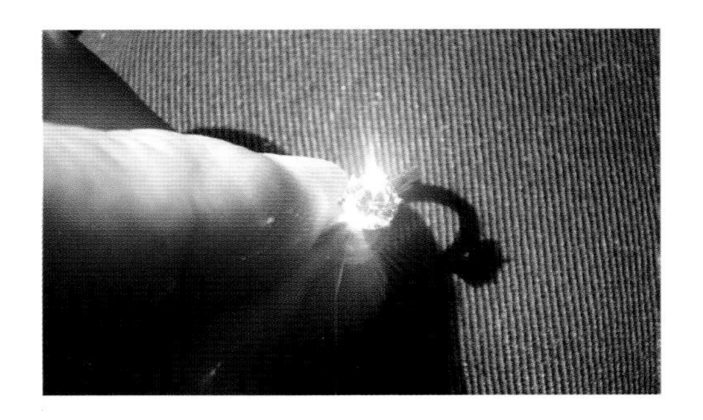

台面以外的冠部区域因斜角的缘故，会让射入光在内部反射后由正面逸出，于斜角处因棱镜效果而打散成七色的“火彩”

直接测量是最准确的，而经验老到的业者仅通过台面的反光，即可略估出台面百分比。

通常，小台面的百分比约在58%或以下，中台面的百分比约在58%~64%，大台面的百分比约在65%或以上。然此法稍嫌粗糙。

因台面由两个方形构成，故判断方形的边到中心和圆外围的距离，或方形边线内凹或外凸的程度，亦可估计台面的百分比，前者又称边线比例法（Ratio Method），后者亦称弧度目测法（Bowing Method)。

1. 边线比例法

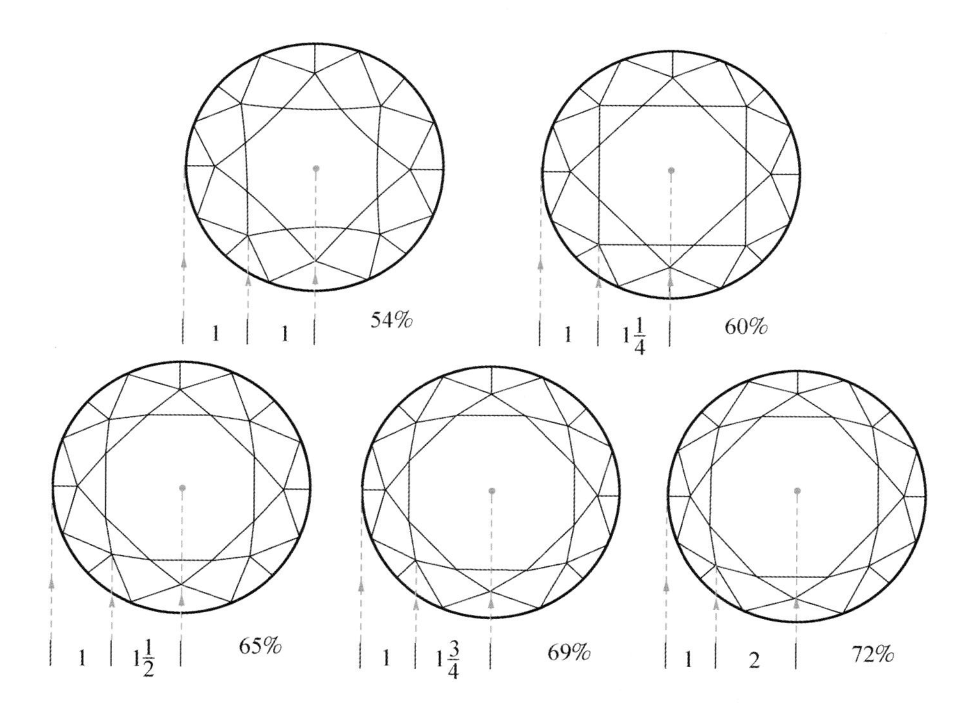

台面量尺（Table Gauge）非常小

大台面约 74%，由于底部黑圈可见靠近台面边缘，底深约 46%，本钻石之净度为 I_2

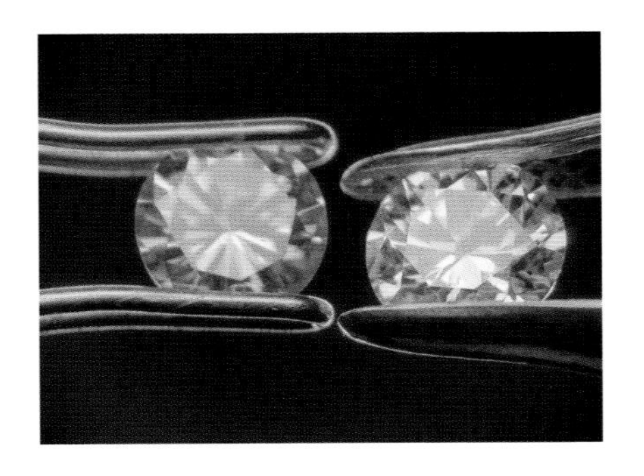

以上方光源照射，不难看出左侧钻石台面大于右侧

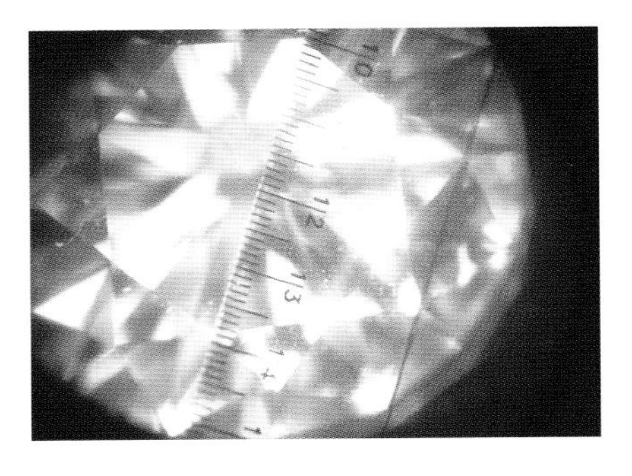

台面量尺的刻度经常得在放大镜下才可得见。早期 GIA 课程中台面大小即以台面量尺直接测量，再除以平均直径

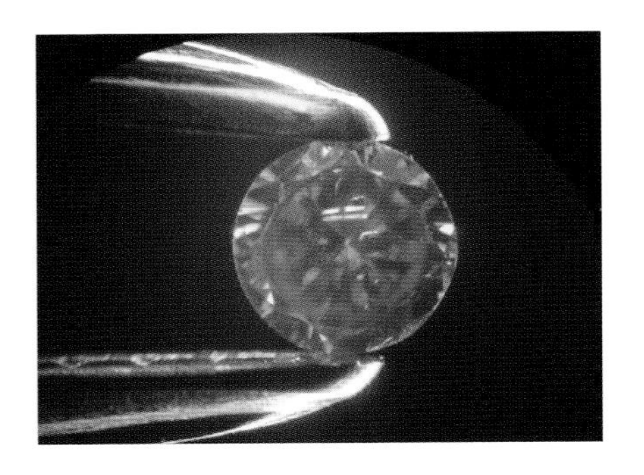

90%，这么大的台面，没见过吧！

2. 弧度目测法

台面乃由二方形所围成，方形边线内凹则台面小，方形边线外凸则台面大，由此可约略估计出其大小，但需要注意若方形顶角。三角刻面若接近腰围，表示方形拉大，台面亦大，此时即使边线内凹，故需考虑顶角位置。通常顶角若至另一边线与腰围距离相同，则不增减；若至另一边线近，表示向内，如为至腰围距离的一半，最多可酌减 6%，反之亦然。

大台面，边线外凸，约 72%

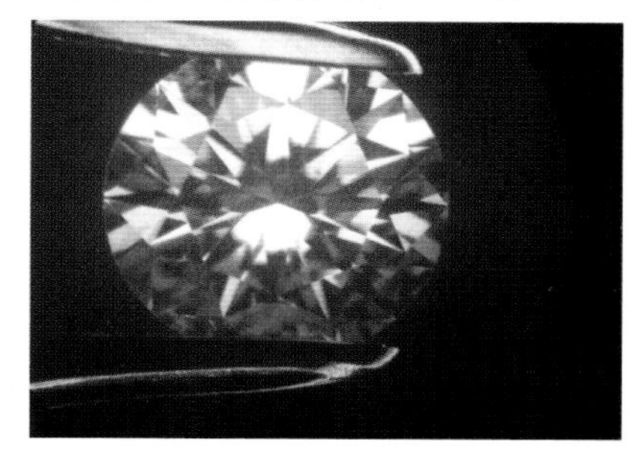

中台面，边线略直，约 60%

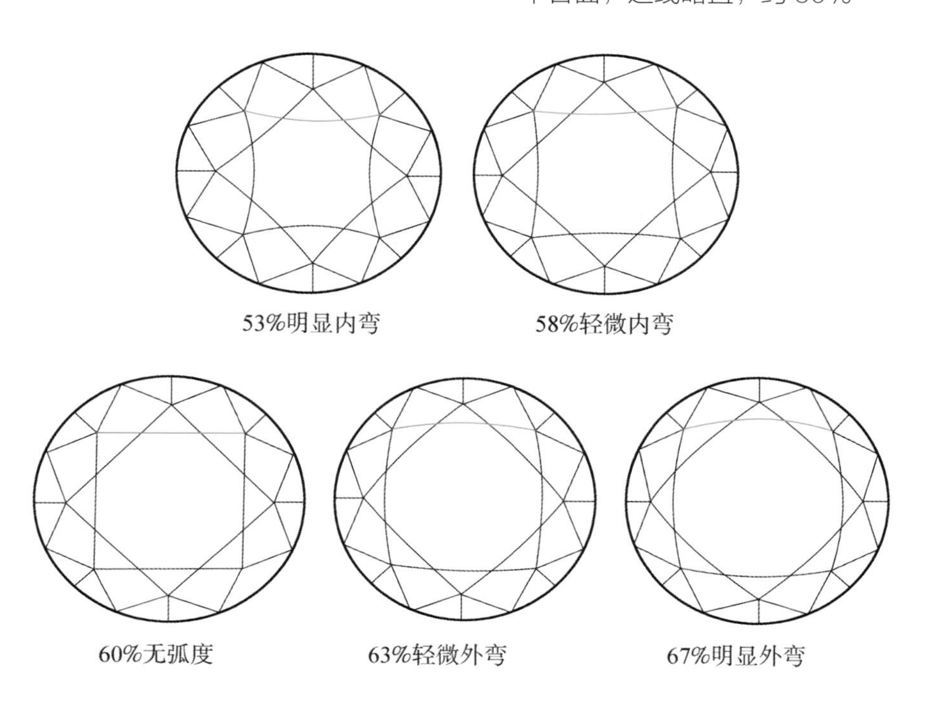

小台面，边线内凹明显，约 55%

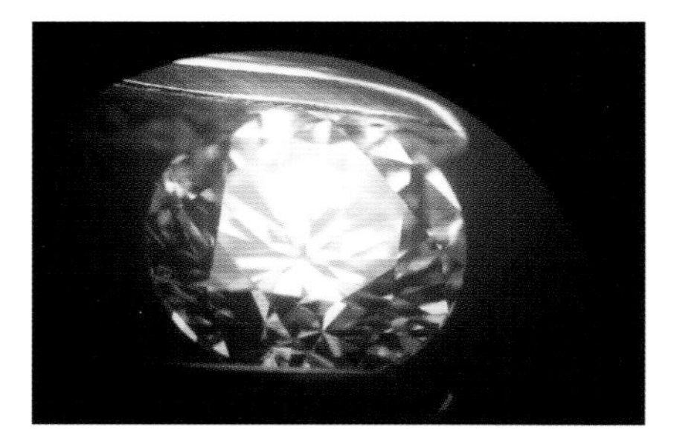

直接由台面反光可估出台面为小台面，约 58%

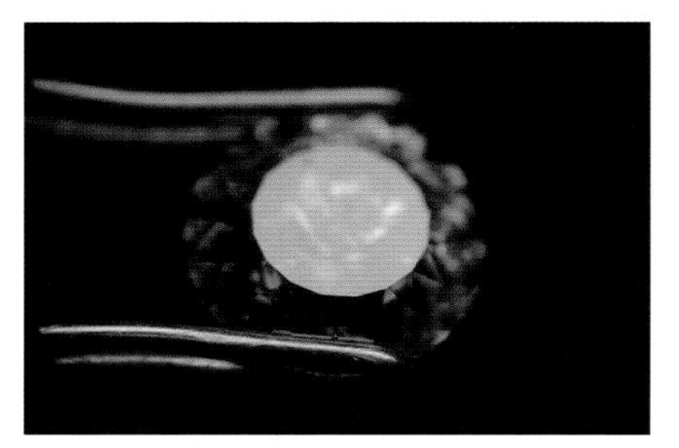

近圆形台面，非传统造型

边线如向内弯曲，可见台面减小，边线外凸，则台面增大，依内弯或外凸程度可分别估计，如下图。

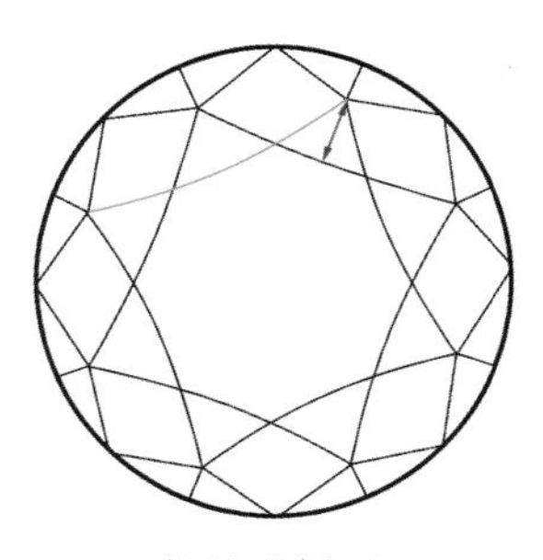

长星形刻面

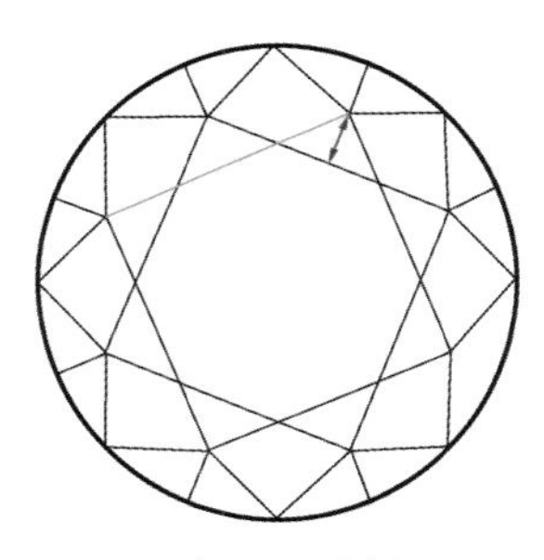

“正常”星形刻面

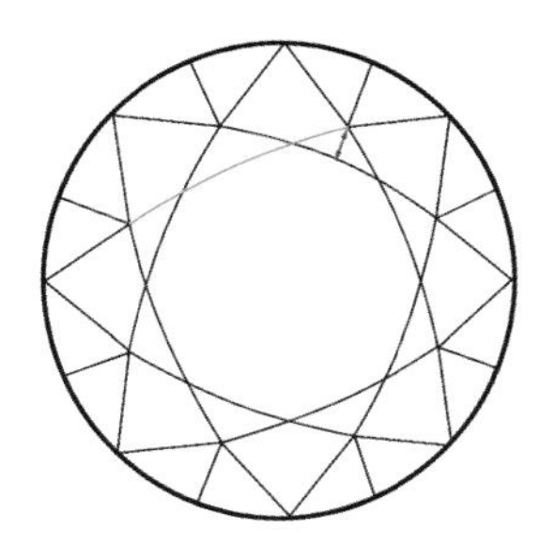

短星形刻面

前述估计系假设方形顶角距另一方形边线和圆外围等距，如距内方形边线较远，显然台面增大，如距圆外围较近，则台面减小，依距内、外距离之长短可增减最多 6%。

冠部角度的估计

冠部角度规定为风筝刻面与腰围平面上缘的夹角。冠角可能影响钻石的亮光和火彩，通常不能有太多的偏差，32° 到 35 .5° 的冠角通常有迷人的火彩。低于此值的冠角，如再加上很薄的腰，可能存有被折断的潜在风险。

1. 一个简单的角度估计法是由侧面直接目测。由腰围面向上假想一条垂直线，两者之夹角因垂直故为 90°，90° 的一半即是 45°，90° 的$\frac{1}{3}$是 30°，稍大于 33° 即托式理想值的 34 .5°，勤加练习不难正确判断。

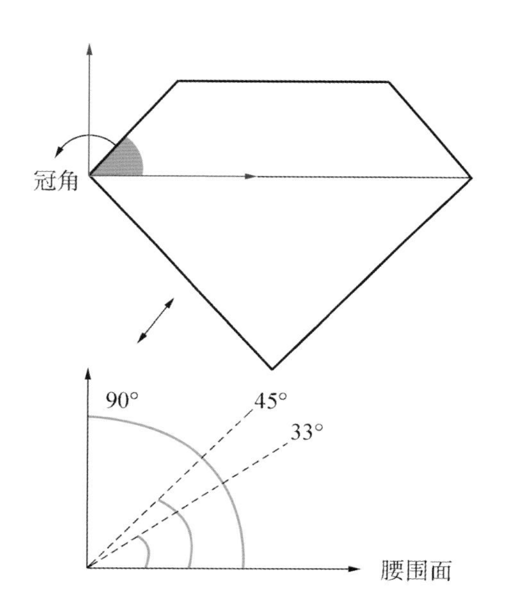

2. 直接由正面看入钻石，观察底部主刻面在风筝面下被放大的影像，也可推估出冠部的角度。（试将一小片玻璃置于画有线条的纸上，玻璃片一端倾斜向上时，直线呈放大效果，冠角可将底部主刻面尾端放大，亦是同样的道理。）

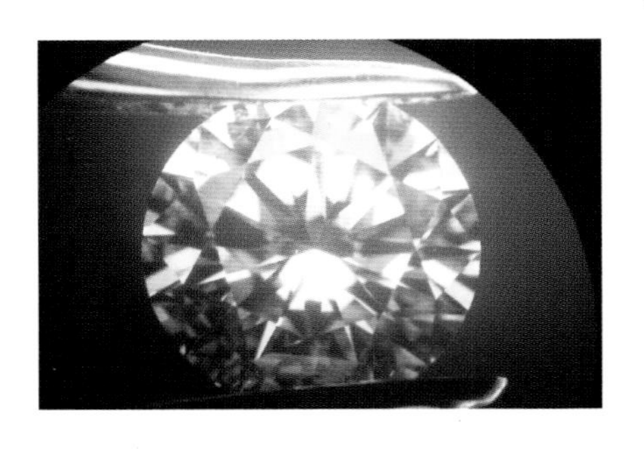

2 点钟方向可轻易看见台面下方的白色，风筝面下黑影的“箭身”与“箭头”的宽度比，约 1 ： 2，即 2 倍宽，可据此推估冠角为 34 .5°

8 支车轮线似的箭由中央射出，在 11 点及 5 点方向穿出台面后，宽度略增，可估冠角约 32°

由 11—12 点二支底部刻面的箭头在风筝面下的放大黑影可见如刻面再次压缩一般，因此推估冠部角度略高，近 39°

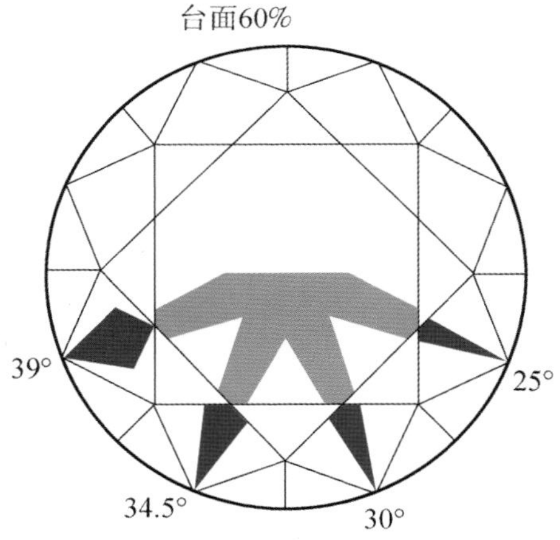

（1）笔直斜向穿出，估计冠角 25°

（2）风筝面下稍宽，估计冠角 30°

（3）风筝面下约为台面下两倍宽，估计冠角 34.5°

（4）风筝面下极宽，几乎是底部主刻面完整压缩其内的感觉，估计冠角 39°

腰围厚度

一般人通常只由正面观赏钻石，鲜少注意钻石的腰。钻石腰围的功能有防止破损、提供镶爪的着力点等，因此不可太薄，但太厚又可能在台面下形成一圈灰色的反射，影响美观，或是会造成镶嵌上的困难，并且会隐藏多余的质量。

腰围系腰上刻面和腰下刻面相交的边界，故有16处较窄的谷（Valley）及16处宽的峰（Hill），评估时检查谷位置，由侧面旋转一圈，记录最细和最宽谷在放大镜下的感觉。

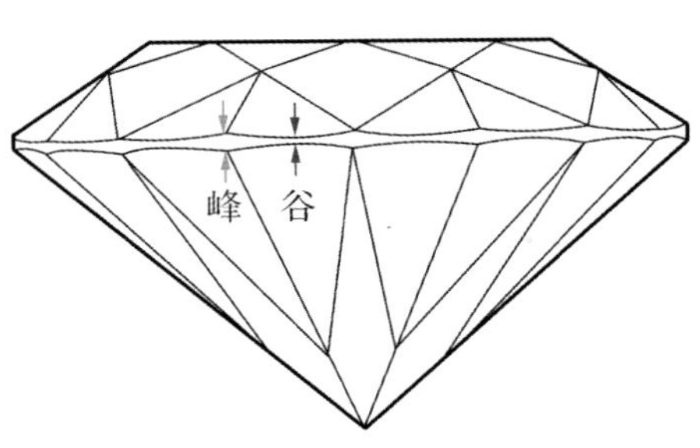

腰围厚度的评定词及图示说明分别是：

腰围厚度评定词	图示	在10倍镜下的观察
极薄（Extremely Thin）		10倍镜下锐利，一如美工刀锋
很薄（Very Thin）		10倍镜下如丝线般细
薄（Thin）		10倍镜下如细线
中（Medium）		10倍镜下可见线的轮廓
稍厚（Slightly Thick）		10倍镜下可见宽度
厚（Thick）		10倍镜下很宽
很厚（Very Thick）		10倍镜下宽且不雅观
极厚（Extremely Thick）		10倍镜下很不雅观

腰围若太细则易破损，如图左侧较细的腰部即已损伤

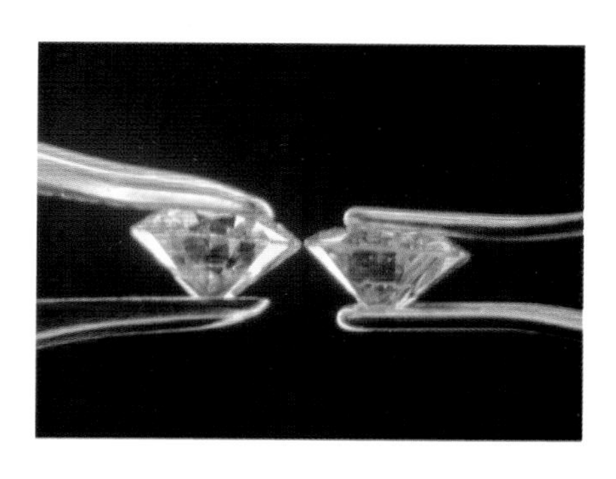

两钻并排可看出腰以上冠部的高度哪个更高

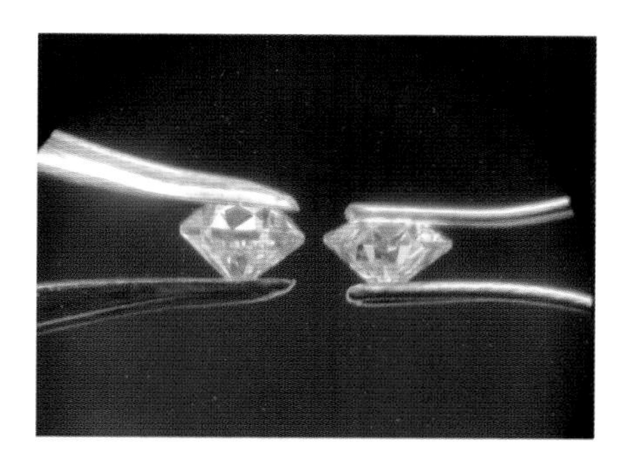

左侧钻石的冠和腰厚明显大于右侧，故两颗等质量时，右侧正面看起来较大

左侧钻石腰围刻有 GIA 证书编号，且具刻面，大部分人则忽略了其厚度属“很厚”；右侧钻石腰围适中，且无刻面，在等级上较优

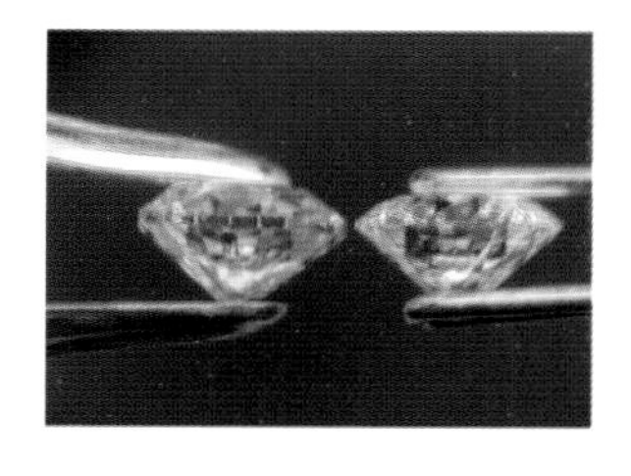

黄色的腰围厚度为很厚，明显厚于右侧的中

右侧腰围突然变窄，使整体腰围呈波浪状

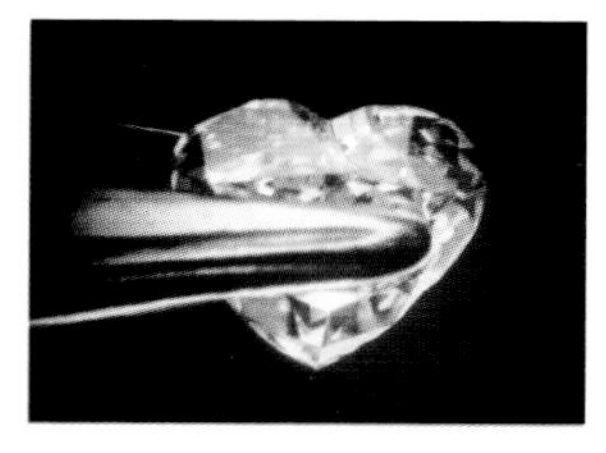

心形钻在顶部凹陷处的腰通常较厚

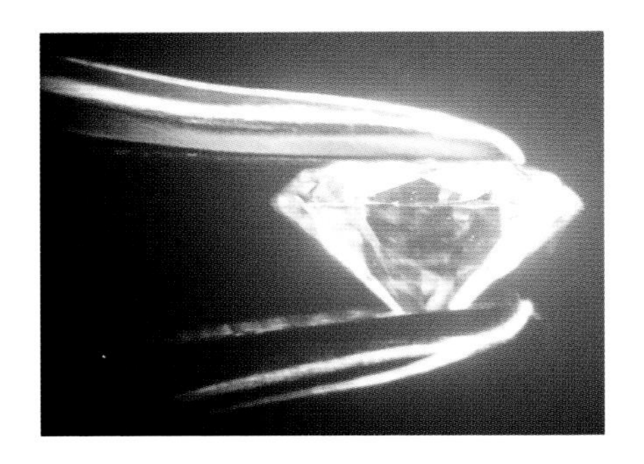

腰围太薄则易碰伤，此即裂到腰上刻面一景

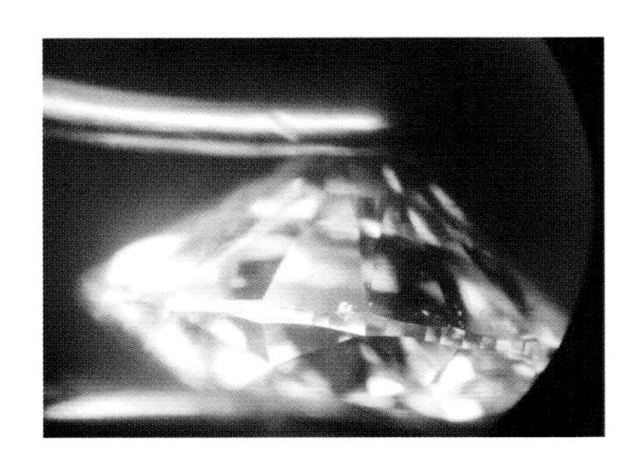

很厚的腰围如有刻面（左图），相较于无刻面的腰围（右图），在视觉上可能感觉不那么厚。基本来说，腰围是否有刻面对质量并无影响

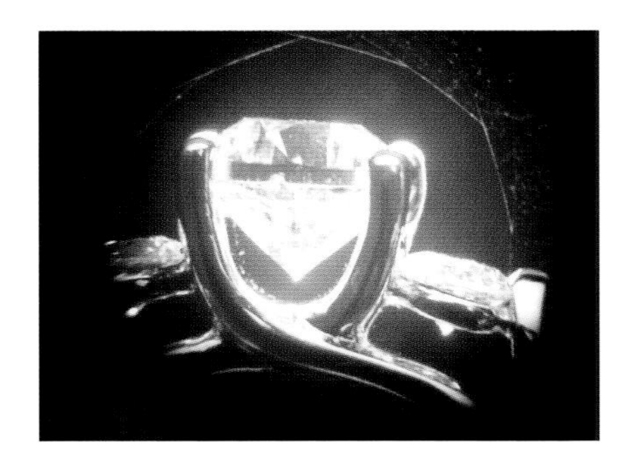
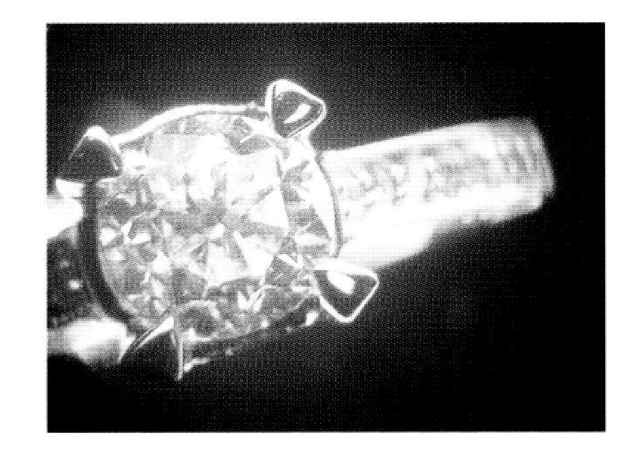

极厚的腰，仅腰厚就占了全深 12%以上，此外，本钻石冠角太陡、冠高太厚；但即使是厚腰，从正面也可看到“八心八箭”

底部深度百分比的估计

底部深度是决定正面穿入钻石的光线是否返回正面的关键，当底深百分比介于 42% 到 48% 时（底深除以平均腰围直径称为底深百分比），光线可顺利经两次内反射返回正面观察者眼中。

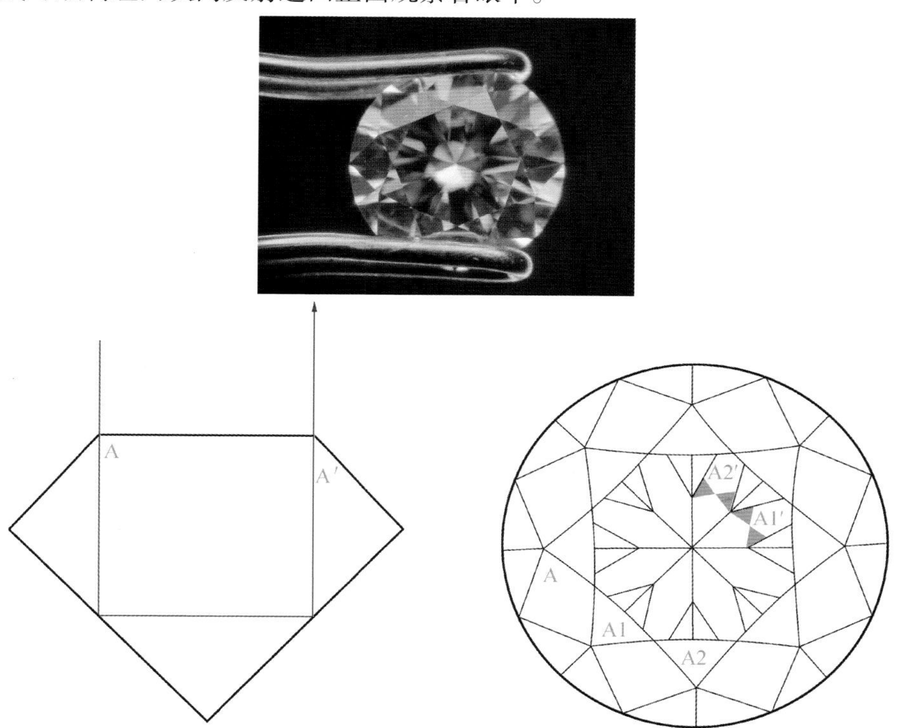

左图简单地说明了光线的行进路线，如果 A 点有只小蚂蚁，则蚂蚁影像将依光线出现在 A′ 点，即对面端。

右图乃正面所见，A 所在三角形刻面将以黑影方式经反射至现在对面位置，如 A 一样的 A1、A2 等三角刻面包围出的台面，也将以小三角形黑影方式在台面中央包围一个小的台面反射影。

依上述条件观察这颗钻石在台面上所围成的反射黑圈，并对照下页图即可判断此钻石的底深百分比大约为 44% ~ 45%。

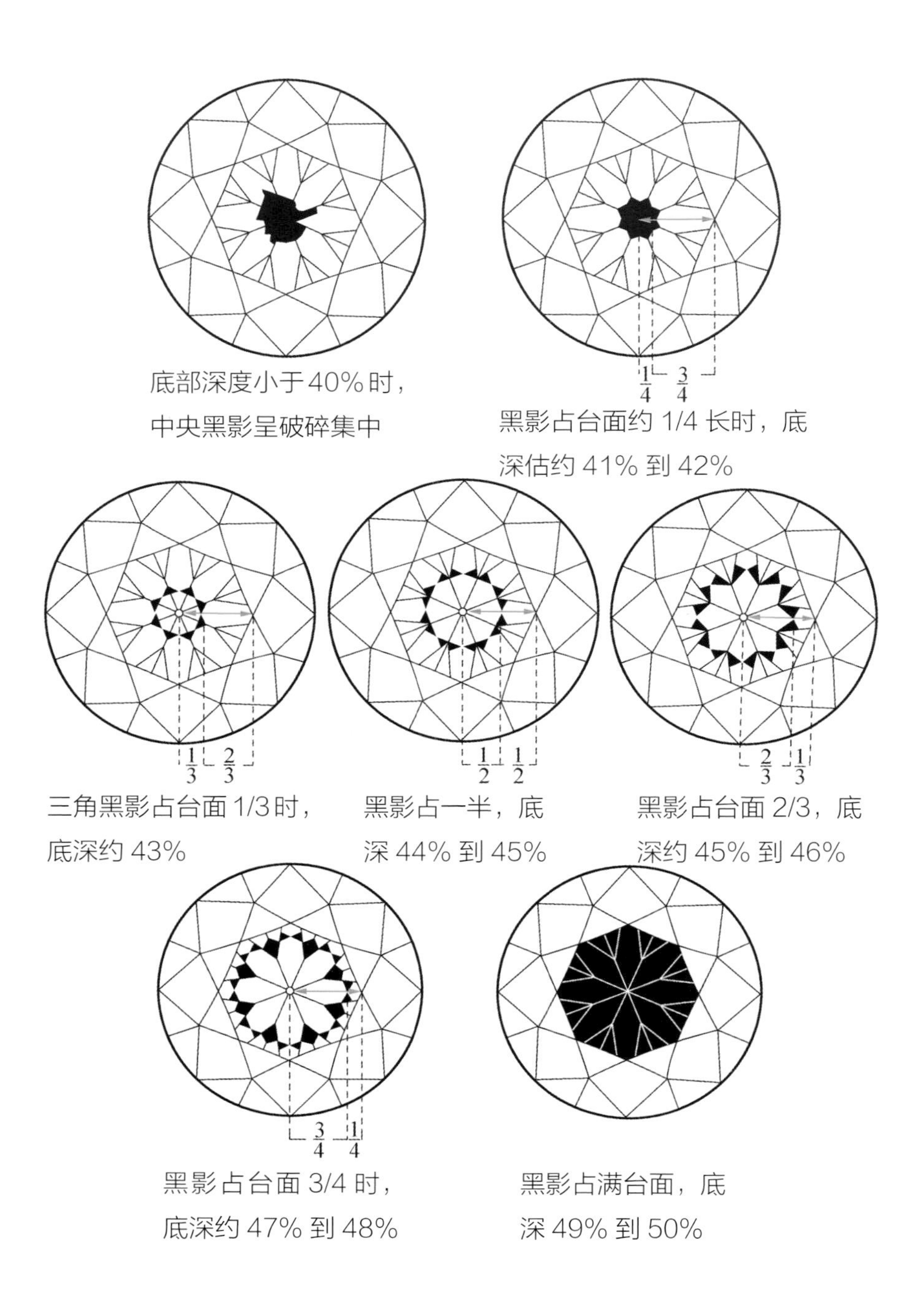

底部深度小于40%时，中央黑影呈破碎集中

黑影占台面约 1/4 长时，底深估约 41% 到 42%

三角黑影占台面 1/3 时，底深约 43%

黑影占一半，底深 44% 到 45%

黑影占台面 2/3，底深约 45% 到 46%

黑影占台面 3/4 时，底深约 47% 到 48%

黑影占满台面，底深 49% 到 50%

底深若太浅（小于 39%时），腰围可能呈灰圈反射在台面内缘，感觉如死鱼的白眼，业内俗称“鱼眼”（Fish Eye）。如底部太深，光线将过度漏失，形成中央处的方形暗影，因状似钉头故亦有“钉头”（Nail Head）的称呼。

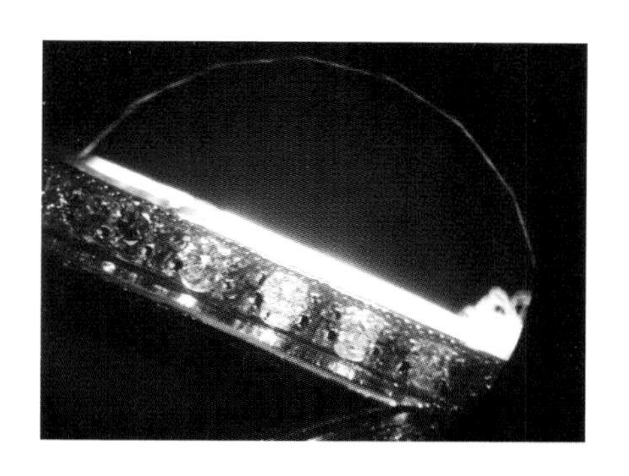

最左侧的小钻因底深太深（超过 49%），呈俗称“钉头”的黑暗影，相较之下，右侧的小钻则亮得多

底太浅，腰围可能反射于台面内，形成如鱼眼般的效应，图内可见台面右半侧的白圈

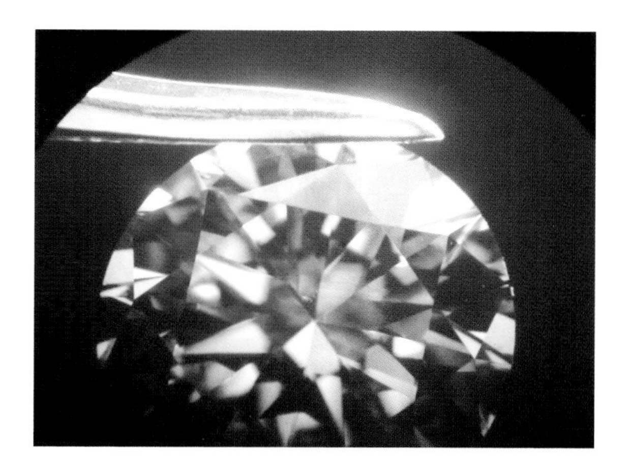

台面下似由许多三角形小黑影围出另一个小台面，稍偏右上。这些小黑影即原本围绕台面的三角刻面反射在对面的倒影。据此可以估计底部的深度百分比。本图钻石底深约 44.5%

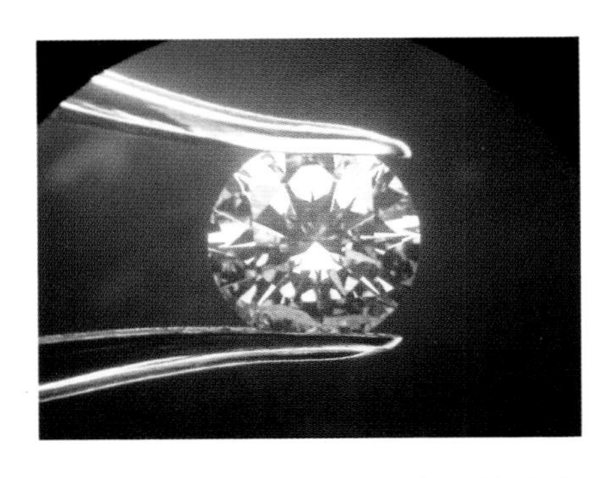

黑影约为台面的一半，底深估计为44.5%

底部深度估约 45%

在台面内圈由星形（三角刻面）黑影围成的“内台面”可估计底深的百分比，本图约 45%

黑影略大于台面一半，底深约 46%

底尖

钻石底部主刻面汇聚在一个点上，称为“底尖”或“底小面”，如果被磨成一个平行于台面的刻面，则形成一底尖面。

底尖可有可无，标准圆形明亮式钻石有 57 个刻面，加上底尖面则有 58 个刻面。

底尖不应过大。因其位于台面下方中央，光源穿入台面如碰触的是底尖刻面，则如同穿透台面般将直接逸失，于中央处形成黑暗八角形，不但影响美观，有时让人误认成中央处的黑色含晶。

如底尖为一尖点，无刻面，光线碰触四周均将反射，尖端在观察上为一个小白点。

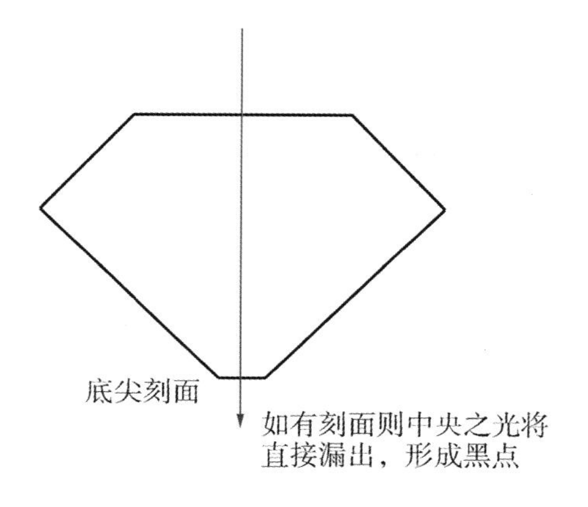

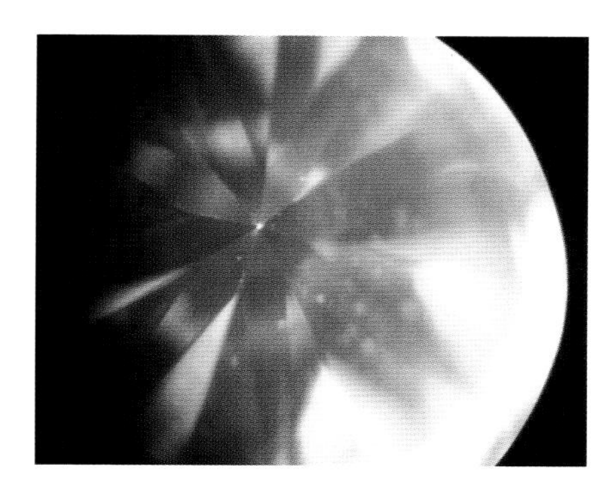

底尖经常因碰触而损伤，呈白点状

底尖面的大小评定语分别是：

底尖面的大小	在 10 倍镜下的观察
无（None）	10 倍镜下为一小白点
很小（Very Small）	10 倍镜下难以察觉
小（Small）	10 倍镜下不易辨出轮廓
中（Medium）	10 倍镜下轮廓清晰
稍大（Slightly Large）	10 倍镜下明显可见
大（Large）	10 倍镜下很明显
很大（Very Large）	10 倍镜下不美观
极大（Extremely Large）	10 倍镜下极不美观

底尖如磨成平面将和台面一样，为八方形，正面观之，因直射光将直接穿过漏出，故为黑域

切磨的收尾：抛光与对称

依规划比例切割完成后，便到了表面抛光和刻面对称性的检查工作。两项合称切磨上的表面修饰，也有人称为收尾。一如大楼完工后，墙壁的抛光及精贴瓷砖对齐的作业。由此可知，在切磨等级判断上，角度和比例的重要性，远胜过表面抛光和对称。

钻石因具备宝石中最高的硬度，因此抛光效果优于一切宝石，但即便如此，仍可能留下一些如磨轮遗留的抛光痕、烧灼痕，或是被其他钻石划到的刮痕等。

抛光一项的评估由最佳到最差分别是：极好（Excellent，EX）、很好（Very Good，VG）、好（Good，G）、一般（Fair，F）、差（Poor，P），一如切磨等级的排序。

检查磨光时可能见到的特征有：

1. 刮痕（Scratch），表面很细的划伤痕迹。
2. 缺口（Nick），腰或底尖上细小的撞伤。
3. 击痕（Pit），表面受到外力撞击留下的痕迹。
4. 抛光纹（Polish Lines），磨轮钻石膏颗粒不均所致。
5. 棱线磨损（Abrasion），棱线上细小的损伤，呈磨毛状。
6. 粗糙腰围（Rough Girdle），粗砂粒状不规则的腰围。

以上特征越多，越容易看见，抛光等级越差，但不论多差，钻石因其优异的硬度，在裸眼下仍将呈现极美的表面光泽（金刚光泽）。倘使切磨比例良好，钻石的美将不致有太大的影响。

对称性，顾名思义，指刻面的排列和棱线的交接与对齐的事宜。切磨师尽可能使一切都能对称，些许的偏失在所难免，且通常不致影响钻石的美观。评估时以10倍放大镜检查，项目包括形状、轮廓以及刻面大小和位置是否匀称。

台面轮廓不圆，属重大对称性缺失

对称的偏差主要有两个部分，一个是比例上的，另一个则是刻面本身的。

比例上的偏差为：

1. 腰围轮廓非正圆。
2. 台面不在正中央。
3. 底尖不在正中央。
4. 台面与底尖不对齐。
5. 腰围呈波浪起伏。
6. 台面腰围面不平行。

7. 冠角有偏差。

8. 底角有偏差。

9. 腰围厚度有偏差。

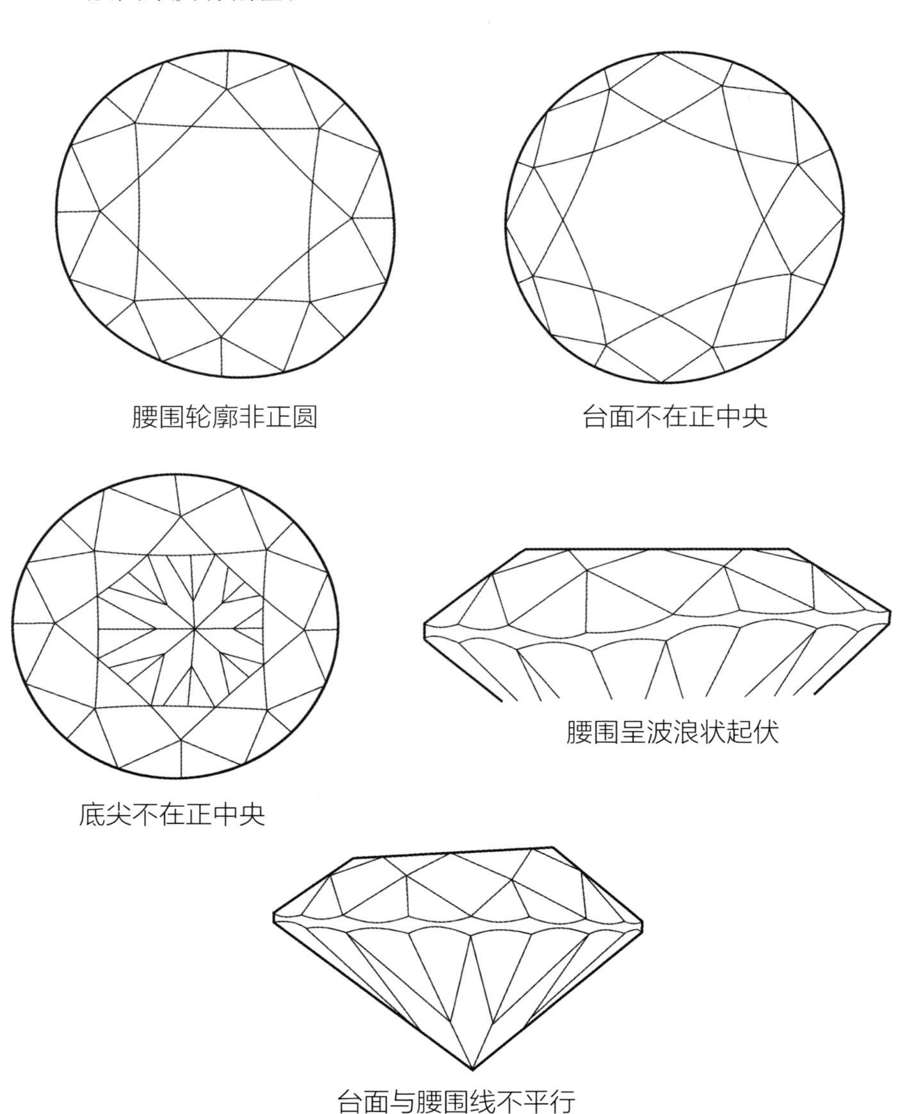

刻面上的偏差为：

1. 该有的刻面少了。

2. 多出额外的刻面。

3. 刻面形状不良，包括台面非正八方形。

4. 冠部与底部刻面间不对齐。

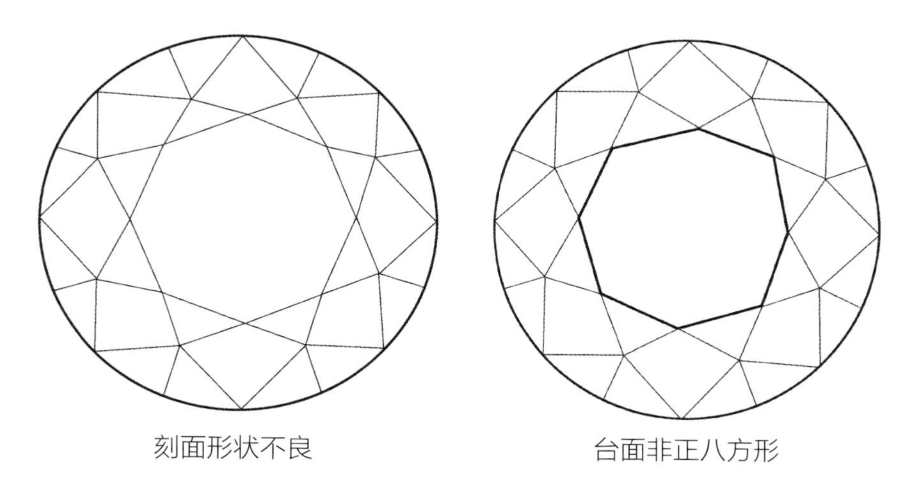

刻面形状不良　　台面非正八方形

“八心八箭”与流行

近 20 年来，亚洲地区兴起了一阵“八心八箭”（ Hearts & Arrows ）的热潮，钻石业者莫不以“最优良车工”等辞藻来营销带有“八颗心，八支箭”的圆形明亮型钻石。

此风潮源于 1980 年代的日本，有业者偶然注意到由底部观察钻石（台面朝下）时，可见八个由腰下刻面所组成的、近似心形的图案，而分隔这八个“心”的底部主刻面若从正面（台面）观之，可见如车辐线一般由中央向外放射，且尾端因风筝面斜角放大的缘故，予人以“箭头”的感觉，因而有了“八颗心、八支箭”的“八心八箭”的说法。基本上但凡圆形明亮式（57–58 刻面）的钻石皆有八个底部主刻面及八对腰下刻面，即每颗

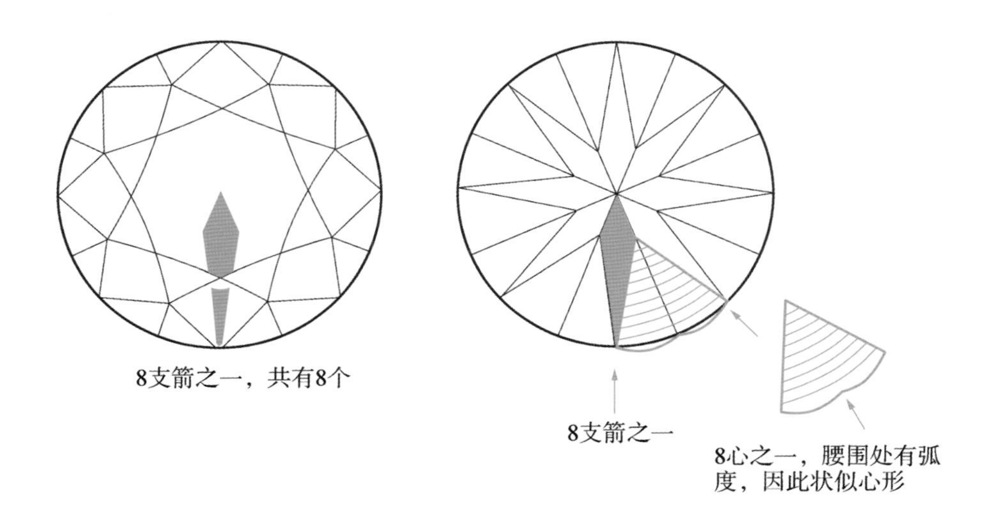

钻石都有“八心八箭”的基本组成要素。销售上强调的“八心八箭”则是以“完美对称”作为宣传，也就是“八支箭”和“八颗心”必须能同时见着，不能有所偏斜或俗称的“摇头”。

“八心八箭”的风潮在 1990 年代也吹进欧美零售市场，但仍以亚洲地区较为流行，因受惠于 20 世纪末钻石业品牌意识的觉醒，其遂成为一项行销上的宣传优势，许多业者莫不强调自家钻石在对称性上的优异。另外，坊间推出的几种方便的观赏器也有推波助澜的作用。

八心八箭

平心而论，切磨对称良好本身确实是一项优点，但钻石优异的亮光及火彩根本上是来自良好的切磨比例，尤其是底部深度及冠部角度等项目，“对称”及“表面抛光”只是两个完工修饰上的小项目，“八心八箭”只能说明钻石具有良好的对称性，不能保证切磨等级必定优良，也不能作为钻石美丽的担保。举一个简单的例子，两颗同为 1 克拉出头的圆钻，一颗腰厚适中，直径 6.50 毫米，切磨比例良好，但对称性稍有偏差，不见“八心八箭”；另一颗腰围极厚，直径只有 5.90 毫米，但对称性佳、具有“八心八箭”。此二颗钻石在外行人眼中会误认为后者切磨较优，而事实却恰好相反。

“八心八箭”确有其优点及卖点，但过度强调反倒有些舍本逐末。曾有实验对 7000 位受测者展示钻石，在不告知哪些是“八心八箭”的情形下，结果显示“对称性佳”的“八心八箭”钻石并未被认定为特别出色。

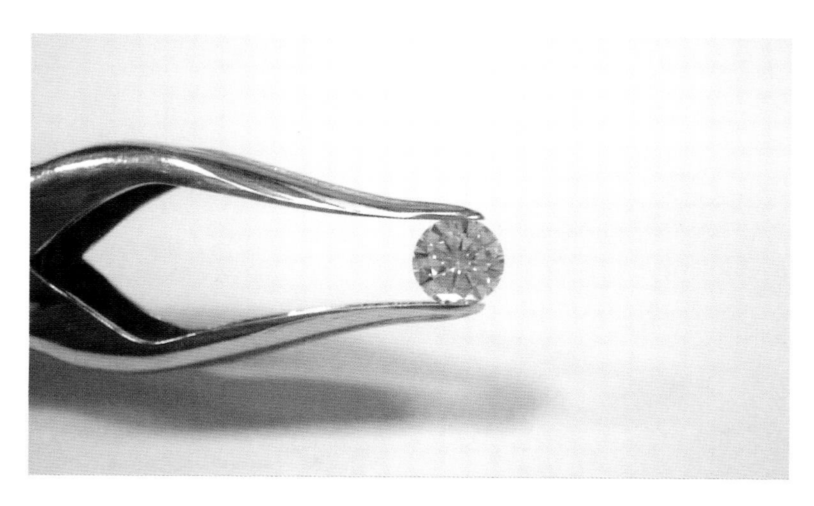

不是钻石的立方氧化锆也可切出“八心八箭”

第五节 4C 仍不足以说明钻石的品质

钻石鉴定书所列的质量、颜色、净度及切磨等级并未能完整、清楚地传达出钻石的质量——透明度（Transparency，一如评价翡翠玉石时所谓质地、种地或水头），也是影响钻石美观的一项重要指标。

有些钻石净度等级不低，如 GIA 判定 VS_1 级，但怎么看就是“不明亮”，切磨比例也无偏差，但给人浑浊或雾状感，用紫外线照射却又不见荧光反应。其真正的原因是，整颗钻石内包含了无数微小影响光线穿透的杂质，但在规定净度鉴定的 10 倍放大镜下，又无法看见个别影响净度的晶粒等“杂质”。钻石批发市场上许多报价低的钻石属于本类。某些非洲、印度盘商偏爱此类商品，原因很简单：便宜。

净度为 VS_1，却看起来“不明亮”

要知道钻石是否有此类问题并不困难，准备一颗已知透明度良好的钻石做比对，就能轻易看出来。

3Ex 与否并非那么重要

3Ex 指的是切工分级为极好（Excellent），抛光与对称性也是极好（Excellent）故有 3Ex 的缩写，其实以切工来说，切工分级这一项最为重要，另两项抛光与对称性的重要性约只占两成，故 3Ex 与否并非那么重要。例如，两颗钻石，一颗是 3Ex，另一颗的切工分级是 Ex，其余抛光与对称性都是 Very Good，在目视外观上这两颗钻石几乎感觉不出差异。

什么是 BGM ?

网上购买钻石时，有时可见厂商特别注明：No BGM，如某颗 1.00 克拉钻石，D、IF、3Ex、None、No BGM。此处 BGM 究竟是什么呢?

它是 3 个英文单词的首字母：

B — Brown

G — Gray

M — Milky

也就是说，这颗钻石不带任何的棕色、灰色，并且晶质清澈，无混浊感（或说蒙雾感）。保证归保证，还是要见到实品为准，或至少厂商和买方要就上述三词的见解相近，否则买方认为稍有混浊，厂商方坚称没有，买卖成交后，退货不易。

第四章

真钻与假钻的分辨

第一节　钻石在科学上的两种类型

1930 年代起，科学上将钻石依含氮量的多少进一步分成两个类型，分别称为 I 型钻石（Type I）及 II 型钻石（Type II）。含氮的钻石被归为 I 型，而不含氮（含氮量极微）的被归为 II 型。I 型及 II 型又可细分为 Ia、Ib 及 IIa、IIb。1959 年后又依氮原子聚集模式分出成对的 IaA 及聚集的 IaB。

Ia 型：氮原子成群聚态。此类钻石因吸收蓝光之故，多半呈淡黄色或棕色。约 98%的天然钻石属本型。

Ib 型：氮原子单独均匀散布晶格内。此类钻石吸收绿光及蓝光，因此呈现出较 Ia 型更暗的颜色。视含氮量及分布状况颜色有深黄色、橘色、棕色或带绿色不等。约 0.1%的天然钻石属本类。

IIa 型：1% ~2%的天然钻石属于本类，颜色可为无色、灰色、粉红色及棕色。IIa 型钻石含氮量极低，不及百万分之一，因此被认为“非常纯净”。国际拍卖会上常可见到此类钻石被特别介绍的例子。

IIb 型：含硼，可导电。

2007年10月，苏富比香港拍卖会上两颗10克拉D、FL钻石的介绍中特别加注了类型的说明："... Supplemental Letters stating that the two diamonds have been determined to be of Type IIa，Type IIa diamonds are the most chemically pure type of diamond and have exceptional optical transparency."（两颗钻石经判定为IIa型。IIa型钻石在化学成分上最纯净且具有极优的光学透明度。）

钻石类型	在10倍镜下的观察
Ia型	含氮，成对，聚集
IaA型	两氮相邻，又称为A心（A Center） 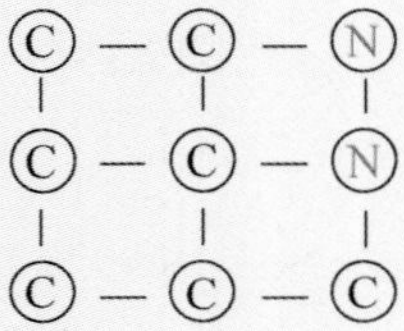 Ⓒ — Ⓒ — Ⓝ Ⓒ — Ⓒ — Ⓝ Ⓒ — Ⓒ — Ⓒ
IaB型	4氮包围一空洞（V，Vacancy），又称为B心 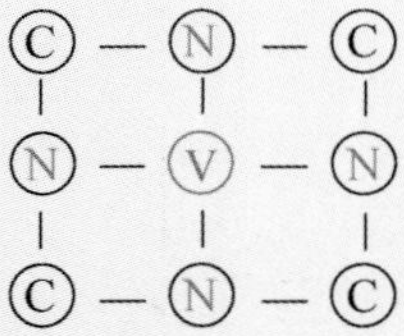 Ⓒ — Ⓝ — Ⓒ Ⓝ — Ⓥ — Ⓝ Ⓒ — Ⓝ — Ⓒ
Ib型	含单独的氮，又称为C心（C Center） 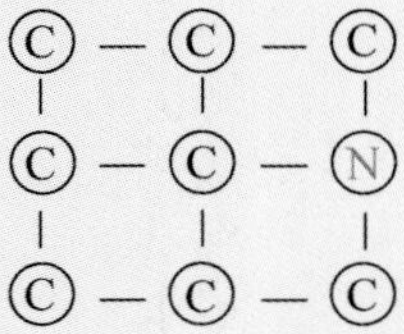 Ⓒ — Ⓒ — Ⓒ Ⓒ — Ⓒ — Ⓝ Ⓒ — Ⓒ — Ⓒ

如果3个氮包围一个空洞，则称为N3色心。钻石的黄色乃由此引起，吸收光谱可见415纳米的吸收。如果是2个对应的氮包围空洞，则称为H3色心，可形成503纳米吸收。

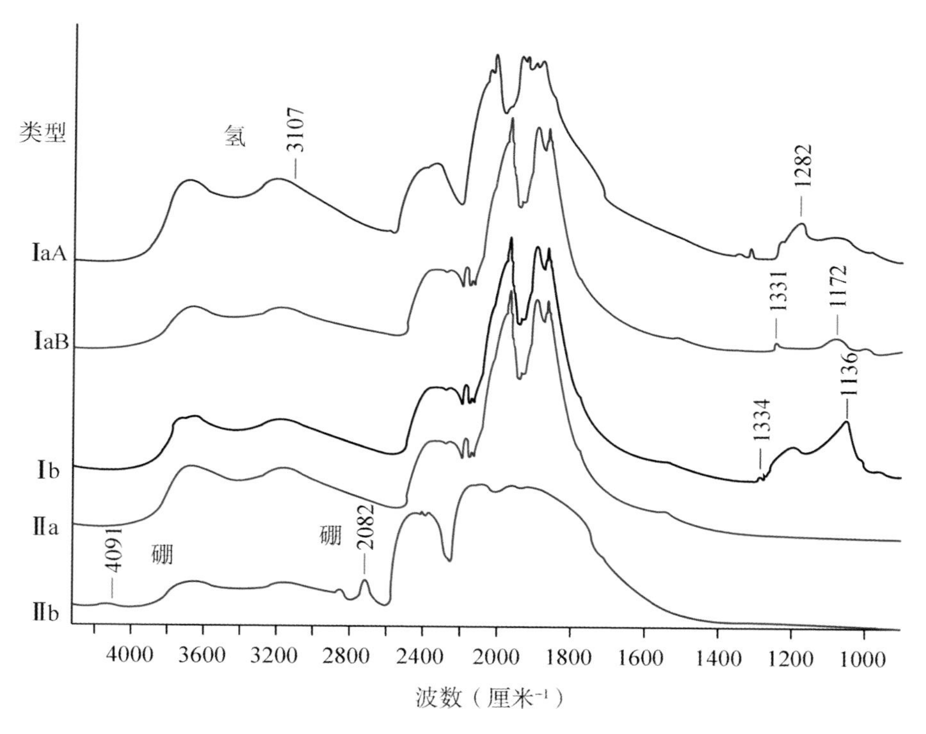

各类型钻石的红外线光谱吸收曲线，II类钻石中的IIa、IIb在1600以下因不含氮，故平滑不见吸收峰

第二节　天然钻石、人工钻石与模仿石

一般人最感兴趣也最想学的技巧之一，是分辨真钻和假钻。“真假钻石怎么区分？”光是这句话，就足以暴露提问者属于尚未入门的消费者，对钻石究竟是何物质似懂非懂，在此有必要清楚完整回答。

在人工钻石（或称合成钻石，亦称实验室生长钻石）尚未问世之前，“真假钻石区分”并无逻辑上的困扰。自成分、构造以及物理、化学性质几乎皆等同天然钻石的人工钻石诞生之后，一切便发生了变化。钻石市场除了得区分钻石和它的模仿石［Imitation，亦称类似石（Look-Likes）或仿石（Simulant）］，也需就钻石本身进一步辨别天然生成或者人工制造（实验室生长）。因此，让我们先就几个重要观念加以说明。

1. 天然钻石：指自然界生成的钻石。2018 年之前，当钻石业界使用“钻石”一词时，即使不特别指明“天然”，亦指天然钻石。

“钻石”此一专有名词自 2018 年起，已不限于描述天然钻石，美国联邦贸易委员会放宽要求，它可用于描述实验室生长，物理、化学性质等同于天然钻石的人造产品。

2. 人工钻石：又称合成钻石，指由人类制造，成分、构造及物理、化学等性质几乎等同天然钻石的人工制品。因此，人工钻石也是钻石，和天然钻石的不同点是：一为大自然生成，一为人造。两者皆为纯碳、立方晶系，莫氏硬度 10 等。

3. 模仿石：泛指一切外观上酷似钻石的“非钻石物质”。

模仿石不一定就是人造的。天然宝石只要长得像，都曾被拿来冒充钻石。如早期斯里兰卡马图拉省（Matura）的无色锆石即被当作“马图拉钻石”销售。无色刚玉、尖晶石也是钻石极佳的仿品。人造的钻石模仿石中，目前外观及性质最接近的分别是 1990 年代末问世的合成碳硅石（Synthetic Moissanite，商业名为人造莫桑石），以及 1970 年代制成的合成立方氧化锆（Synthetic Cubic Zirconia，CZ）。

由上可知，天然钻石和人工

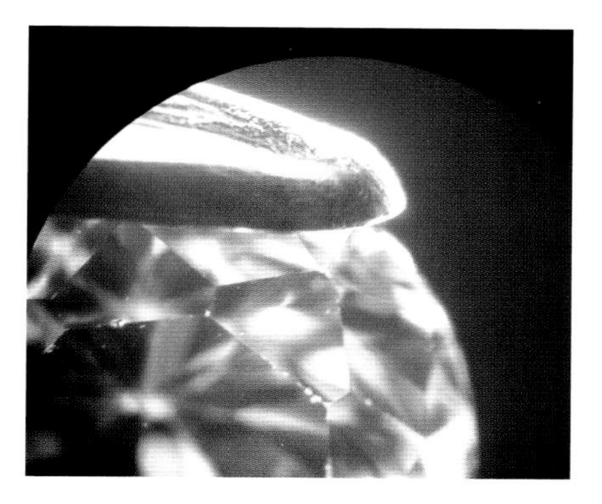

立方氧化锆的硬度不如钻石，故刻面棱线不够锐利，且易碰伤产生击痕

比较起来，钻石的刻面交接棱线锐利得多

左方小颗俗称“魔星钻”或“莫桑石”的合成碳硅石，色散率为 0.104，高于钻石的 0.044，故具有较多的“七彩”颜色

钻石都是“钻石”，只有仿石才算“假钻”，且“假钻”不一定就是“假宝石”，有些是如假包换的“天然锆石”“天然刚玉”等。但到 2018 年为止，珠宝业及消费者的严谨认定，仅天然钻石才能算真钻，人工钻石在珠宝业仍被视为假钻。

2000 年以前的钻石批发与零售市场尚不需忧虑人工钻石流入市面，但在 2012 年后，情况发生了重大改变，各大实验室逐渐发现送检的对象中掺杂了人工钻石，因此各种针对人工钻石检测的方法和工具不断地被研发出来。

现阶段，对于从业人员与喜爱钻石的人士，学习分辨钻石与仿石即足以应付工作上、购买上及兴趣上的要求。天然与人工钻石间，仍有一些可用以辨别的特性。

人工碳硅石尚未问世的年代，所有模仿石没有一种导热性堪与钻石比拟，因此只需要一只携带方便的导热分辨器（许多人误以为是硬度计），便能立即判断受测物是否为钻石。1990 年代末人工碳硅石面世，其优异

钻石与两种模仿石物理性质的对照

	钻石	合成碳硅石	合成立方氧化锆
成分	C	SiC	ZrO_2
构造	立方晶形	六方晶形	立方晶形
折射率	2.417 （单折射）	2.648~2.691 （双折射）	2.15 （单折射）
色散值	0.044	0.104	0.060
莫氏硬度	10	9.25	8.5
密度（g/cm^3）	3.52	3.22	5.80

的导热能力轻易地通过了钻石分辨器的测试，致使许多商家，尤其是典当业，受到蒙蔽，遭逢损失，甚至引起一阵不小的恐慌。幸好今日已有一次可分辨钻石、合成碳硅石及合成立方氧化锆的仪器。然而，操作上有些难度，一不小心弄错，麻烦可不小。

熟悉钻石的专家可以利用几个简单的特性，轻而易举地将上述三者分开，不仅准确，而且迅速。

人工碳硅石的双折射性（Doubly Refractive，DR），使它很容易和单折射（Singly Refractive，SR）的钻石区分开来。透过手持10倍放大镜，由风筝面斜向检查底部刻面及底尖，可发现人工碳硅石的底尖及底部刻面棱线呈现一变二的双影效果（见右下图），一如酒醉者视茫茫将一物看成二影的情形。此种现象乃双折射宝石所特有，称为“重影”或“双影”。宝石的双折射差（Birefringence，最高折射值与最低折射值之间的差）越大，双

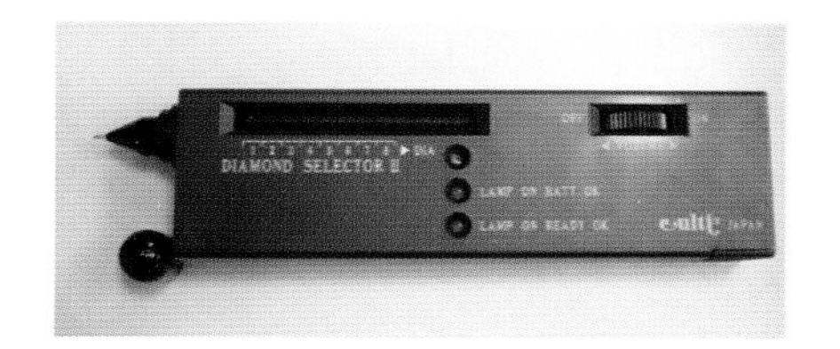

利用导热原理的钻石与立方氧化锆分辨仪

市场上所见的各式的钻石分辨仪，因多以测导热为主，遇到合成碳硅石就会失灵

天然锆石因具有强烈双折射现象，可见双影的情形

由风筝面看底尖，合成碳硅石由于极强的双折射，可清楚看见刻面棱像的双影情形

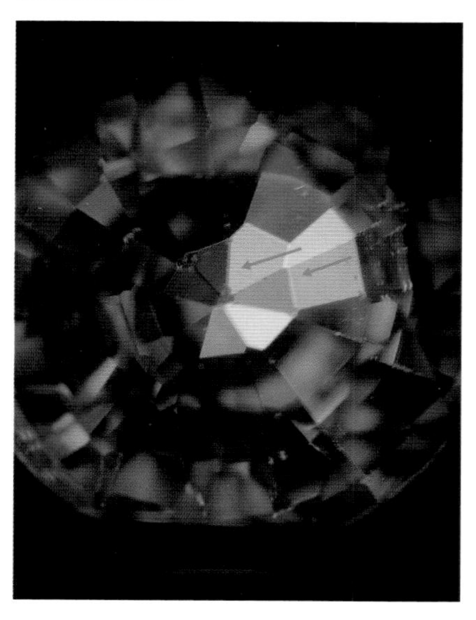

天然锆石具有强烈的双折射性，放大镜下可见刻面棱线的重影

影越明显。合成碳硅石的双折射差（2.691–2.648 = 0.043）非常大，在 10 倍镜下很容易察见。钻石与立方氧化锆皆为单折射，不会有双影。

检查时之所以由侧面的风筝面斜向看入，主要因为垂直台面的方向通常为光轴（Optic Axis）的方向，在该方向上双折射宝石不呈现双影。光轴乃双折射宝石内的单折射方向，该方向上宝石内原子的排列对称，故称为轴。光行进其间不生偏折，故无重影。

钻石与合成立方氧化锆可借两者导热的差异轻易分辨（传统钻石探针即以此原理制成）。对着擦拭干净的钻石与立方氧化锆各呵一口热气，然后拿到眼前观察，可见钻石表面的热气因导热迅速消失；反观立方氧化锆，其表面的热气停留约半秒多才消散。这一简单又实用的方法在操作前需完全清洁宝石，以免钻石因极佳的亲油性吸附灰尘，降低导热性，出现误判。

折射率越高，越不容易被“视穿”，从左至右分别是合成碳硅石、钻石、合成立方氧化锆、天然锆石

如图由左至右分别是合成碳硅石、钻石、合成立方氧化锆及天然锆石。切磨成明亮式的这几个宝石台面朝下置放于一条线上时，因各宝石折射率不同，光线的穿透（人眼的视穿）程度也不同。合成碳硅石 2.648~2.691 的超高折射率几乎无法视穿；钻石折射率 2.417 难以视穿，下方黑线被弯折到几近腰围边，不易看见；合成立方氧化锆 2.150 的折射率便容易多了；折射率为 1.925~1.984 的天然锆石则相对更容易视穿。

内含物也是辨别钻石和仿石的良好参考。天然钻石来自大地，包覆各种前面“净度”一章介绍的内含物，并具有外部特征，但这些特征几乎不见于人工碳硅石或合成立方氧化锆。

人工碳硅石一般内部干净，唯一的内含物是长条的白丝状物体，经研究指出，这些白丝是气泡；钻石内未曾见过白丝状内含物。外观上勉强接近的是长针状的晶体内含物。两者有极大的区别。

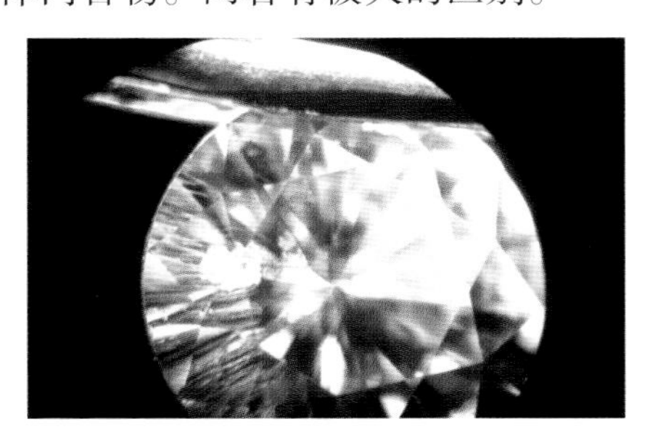

合成碳硅石内常见到长条白丝状的气泡

合成立方氧化锆大部分内部干净、空无一物，早期制品曾见少数或成群气泡的残留，状似水族箱中成群的白色小气泡。钻石内部亦无此景象。

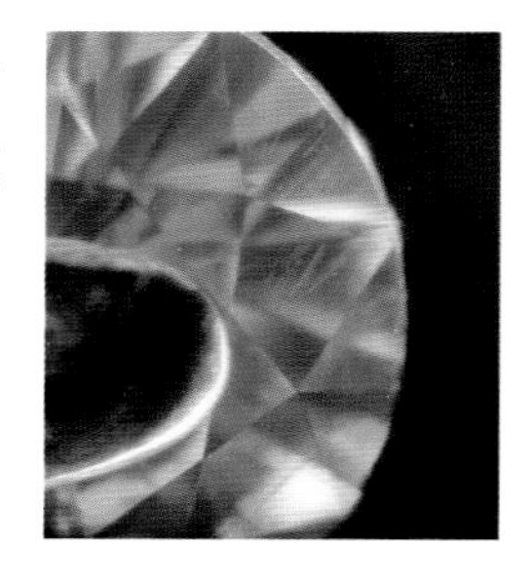

合成碳硅石内的白丝气泡

比重也是一个分辨钻石及仿石的好方法。比重即物质和同体积水的质量相比的比值，即$\frac{\text{物质质量}}{\text{体积}}$，

亦可写成$\frac{\text{宝石空气中质量}}{\text{宝石空气中质量}-\text{宝石水中质量}}$。

钻石比重为3.52，合成碳硅石为3.22、立方氧化锆为5.80，可约略记作钻石比人工碳硅石重约一成，立方氧化锆又比钻石重六成。故，如手上有一圆形的明亮式裸石，直径若为6.50毫米，但于秤上称得1.62克拉，显然，根据前面所学，直径6.50毫米的圆钻质量约1.00克拉，故本例之未知物为立方氧化锆。

工作场中若有一罐常用在辨识翡翠A、B货的二碘甲烷比重液（Methelyne Iodide），该液比重为3.32，因此置入钻石将下沉，人工碳硅

商品名为“莫桑石”的合成碳硅石通常内部干净，如图中残留白色气泡的并不多见

石因小于此值，将浮于液上。该液体易挥发、有毒性，且曝置于光线中过久将变暗，不利观察，故建议少用。

人工碳硅石加热至450℃时会变成金黄色，钻石及立方氧化锆则不会，此点也可协助判别。

刻面棱线的锐利度也可作为辨别依据。宝石愈硬，磨光效果愈佳，刻面交界的棱线愈清晰锐利。

腰部光滑非钻石

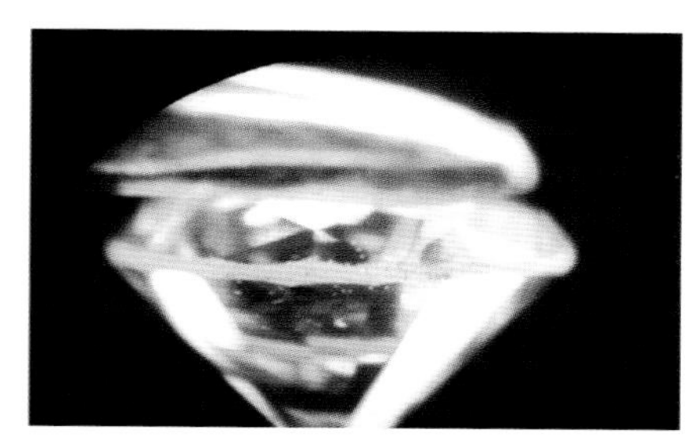

钻石的腰围若未抛光，常呈砂雾状，并带有些许俗称“须边”的小羽裂纹

钻石与两近似仿石的判别方式

钻石	碳硅石	立方氧化锆
亲油性佳，手揉时感觉黏，尖锐	较不黏，尖锐	不黏，也不够尖锐
呵气散得快	呵气散得快	呵气散得慢
背底反各色光	背底反各色光	背底反光多为橘黄色
腰围呈细砂粒状，腰围上可能有天然面及须边，均为钻石独有	腰围光亮	腰围光亮
有各种钻石的内含物和表面特征	通常无内含物，若有，只有长条白丝状的气泡	通常无内含物，或成群白点状的气泡
在二碘甲烷液中下沉	在二碘甲烷液中上浮	在二碘甲烷液中快速下沉
加热至450℃不变	加热至450℃呈金黄色	加热至450℃不变

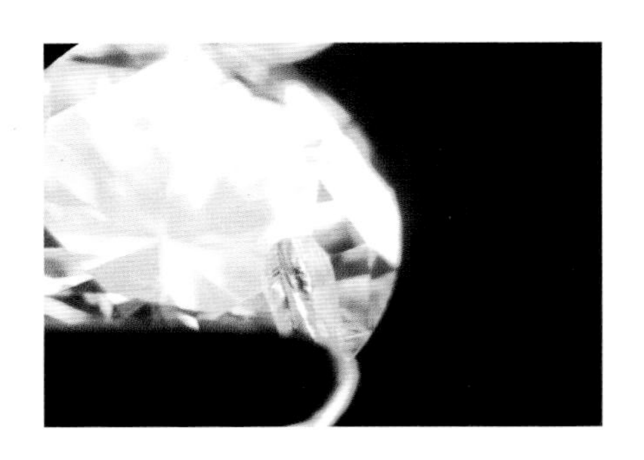

钻石的破口呈一层一层阶梯状

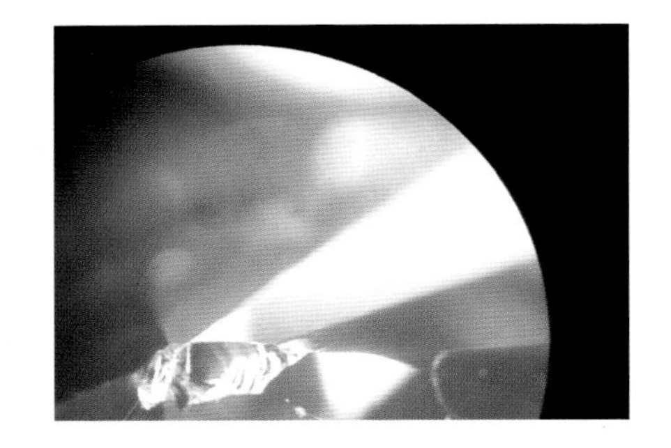

非钻石的破口通常呈贝壳状

钻石与其两个外表最接近的仿石——合成碳硅石及合成立方氧化锆，因硬度不同，刻面棱线的锐利度也不同。左为钻石，右上为莫桑石，右下为立方氧化锆

合成立方氧化锆石底部在暗场照明下，反射光为橘黄色

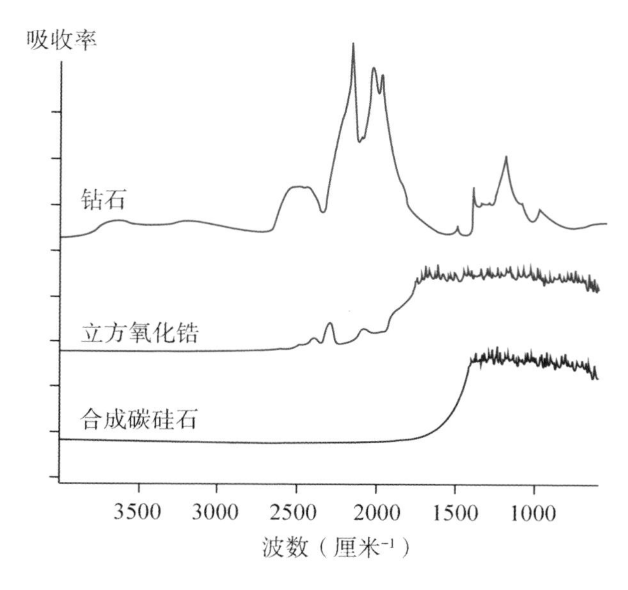

钻石与其他类似石的红外光吸收图谱

第三节　天然钻石与人工钻石的区分

天然钻石与人工钻石的鉴别是一个严肃且日益困难的课题。两者在一般的性质上相同，早期人工制品或留有磁性的助熔剂内含物；若遇上无内含物产品，检验则有很大的难度。尽管如此，所有的实验室生长钻石均可被分辨出来，无须过度紧张。

图中两浓红钻石皆为人工制造，是如假包换的“钻石”。合成钻石已于1990年代末，悄悄进入珠宝首饰市场
样品提供：陈琮崴（金玲银楼有限公司）

实验室生长钻石在紫外线透光度上、内含物、生长区域、光谱吸收等方面与天然钻石仍有极微小的差异，但检验上已非一般业者所能胜任。鉴于此，戴比尔斯集团曾针对此研发出两种桌上型仪器 Diamond-Sure 及 Diamond View（前者以 415 纳米的吸收线作为天然与合成钻石的分辨依据，后者则利用紫外线照射出生长结构，用电脑来判断），且计划以低价大量提供给一

线珠宝门市使用。

2015年以来，各大仪器公司纷纷推出用以辨别天然与实验室生长钻石的工具，且已广为业界使用。

目前人工钻石的制造方法有高压高温法及化学气相沉积法（Chemical Vapor Deposition，CVD）。前者因铁、钴、镍等助熔剂在生成过程中可能融入钻石，因而某些早期产品带有磁性，可被强力磁铁吸引。宋健民博士在《合成钻石》一书中指出，以此法只需加温至触媒熔点的1300℃之上，且压力在50 000大气压力左右，合成的钻石腔体可大至好几百立方厘米，每次产出量可近1000克拉——此为工业钻石——年产约300吨，产值超过15亿美元，大多用于超级研磨材料。而近年来，随着合成钻石技术不断进步，2002年美国波士顿的阿波罗钻石公司宣布推出CVD宝石级合成彩色钻石。此后实验室生长钻石的发展突飞猛进，今日已能制出10克拉左右、圆形、近无色的CVD钻石。

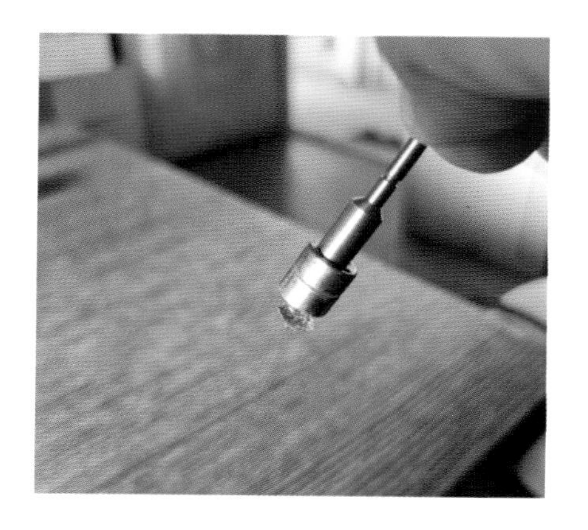

高压高温法制造的人工钻石如果残存的铁、镍等金属助熔剂的量稍多，可被强力磁铁吸附

高压高温法的人造钻石，在台面下方的残留内含物，可作为鉴定依据。这颗合成钻石内的“助熔剂”在某角度反光，不仔细检查可能被误认为“内含晶体”

两种主要合成钻石的制作方法如下表所示。

高压高温法合成钻石	化学气相沉积法合成钻石
高温高压	相对低温低压
以铁族金属为助熔剂	有钻石晶种
1950 年代发展至今	1952 年技术首现，1990 年代拜电子业涂布应用突成主流
BARS 压力机，BELT 压带机皆属本法	于低压环境下，在工业产品上形成多晶薄膜或于钻石晶种上形成单晶生长

实验室生长钻石的一些主要鉴定依据如下表所示。

高压高温法合成钻石	化学气相沉积法合成钻石
（1）金属内含物，有时具有磁性	（1）不规则黑色内含物
（2）小针点似内含物	（2）橘色、绿色或蓝色荧光
（3）无荧光	（3）紫外线短波淡蓝色磷光
（4）紫外线短波下呈强烈蓝色磷光	（4）IIa 类，红外线光谱可能有 3123 纳米吸收峰
（5）IIa 类，有时含硼	（5）光致发光 468 纳米，596 纳米，与 737 纳米（硅 - 空洞）发光
（6）特有的生长痕	（6）条纹式特征生长痕
（7）光致发光光谱有微弱的氮 - 空洞、镍相关或硅 - 空洞发光	

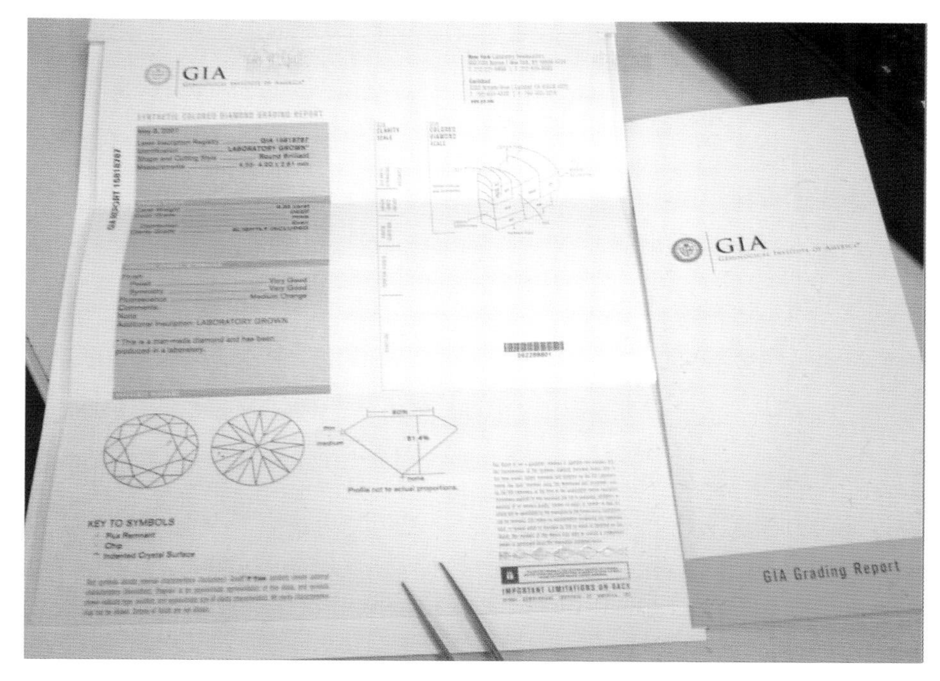

早期GIA也有针对合成钻石开具的证书，但证书栏位以“黄色”为底，作为提醒。净度栏不分 VVS_1，VVS_2 等，只写全文之 Very Very Slightly Included。拿到 GIA 证书不代表就一定是“天然钻石”，或者“未经处理”

实验室生长钻石的金属内包体

主管机关的定义

美国联邦贸易委员会，成立于1914年。其主要任务是促进消费者保护及消除强迫性垄断等反竞争性商业行为。其于2018年为其沿用了62年（1956年首次定义）的“钻石”一词，赋予了新的定义。虽仅是一词的修改（移除），却为世界的钻石行业带来了地动天摇的影响。此后实验室生长钻石如巨流般涌入了已经相当热闹的钻石市场。

钻石的定义与误用，修正前后的定义条文如下：

2018年修正后条文	1956至2018年原条文
a. 钻石是基本上由纯碳以立方晶系组成的结晶物，具有多种颜色，莫氏硬度为10，比重约为3.52，折射率为2.42 b. 以“钻石”一词指称不符上述定义的物质或产品……（中间陈述省略）系属不公平和欺瞒行为	a. 钻石是基本上由纯碳以立方晶系组成的**天然**结晶物，具有多种颜色，莫氏硬度为10，比重约为3.52，折射率为2.42。

2018年修正条文与1956年使用62年之久的旧条文只差了一个词“天然”（Natural）[①]。

数十年来，钻石行业对“钻石”一词，或者说“钻石”一物的认知，在原规范之下，皆理解为天然的结晶矿物。2018年新颁布办法移除了“天然”一词。自此，人工合成或目前多数人称的实验室生长产品也符合钻石在美国联邦贸易委员会指导原则下的定义，可冠冕堂皇地称为钻石。然而，对于其不同于地球开采而得的“传统”钻石，销售时必须有明确的区别说明。

①：美国联邦贸易委员会鉴于某些英语使用地区对合成（Synthetic）一词常误解为假货，也建议可不将Synthetic置于人工生长钻石之前，即以往对于此类产品必须Synthetic Diamond两词并用。新规范建议可移除Synthetic一词，但仍需使消费者了解所购商品与天然钻石间的来源属性区别。

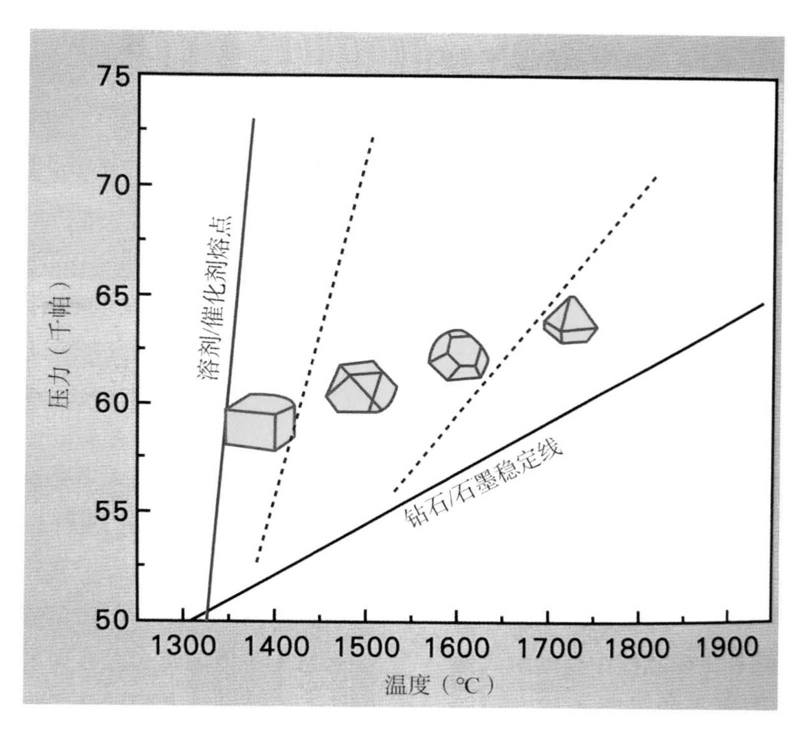

钻石生成晶形之压力温度函数
（图片来源：Swiss Gemmological Institute）

高压高温合成钻石与天然钻石的主要不同点有：

1. 顶点有斜面的八面立方体，生长区域化。

2. 常带金属内含物（磁性）。

3. 通常为 Ib 型（金黄色），有单独氮原子（黄色）。

4. 无色的合成钻石在紫外短波下有磷光反应。

5. 有些合成蓝钻为 IIb 型（导电），状似含氮的 I 型钻石具生长区块及色域。

高压高温合成钻石在紫外线或阴极射线下可见合成钻石内立方及八面体的生长区域
（图片来源：Swiss Gemmological Institute）

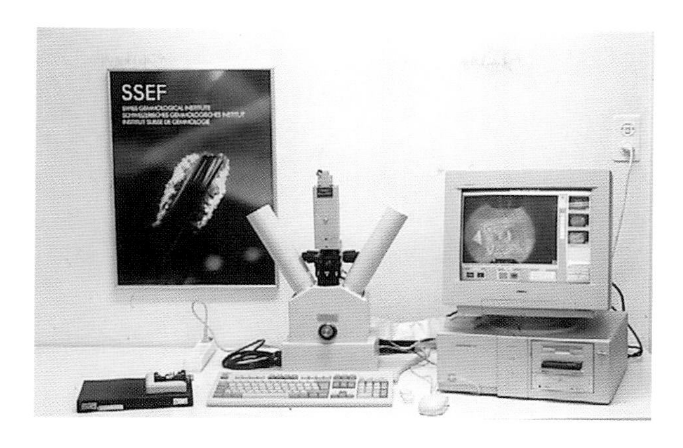

戴比尔斯公司的 Diamond View 钻石检测仪可检验出晶体生长的过程

（图片来源：Swiss Gemmological Institute）

天然的四方形生长

天然的三角形生长

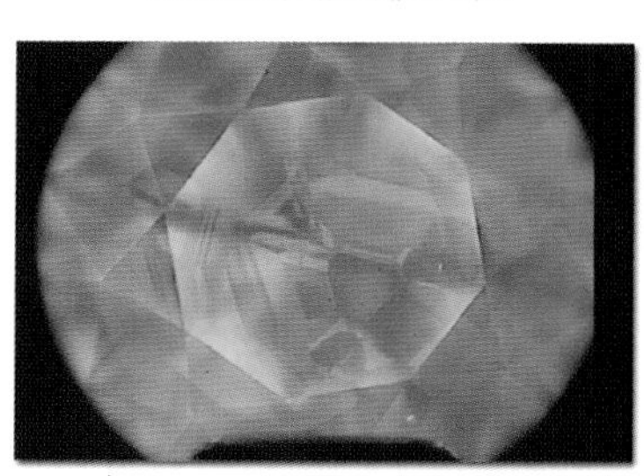

戴比尔斯制合成无色钻石呈三角形

住友公司制黄色钻石的四方形生长

天然与合成钻石生长的差异（上排为天然钻石，下排为人造钻石）

（图片来源：Swiss Gemmological Institute）

第四节　人工钻石的演进

人类一直梦想能在家中制出钻石，这样便可不必大费周章、辛勤劳苦地上山下海采矿。但钻石的成分到底是什么，直到 1797 年，才被同时发现铱（Iridium）和锇（Osmium）元素的化学家坦南特（Smithson Tennant）弄明白，钻石是和石墨一样由纯碳元素组成的异构物。

坦南特先生揭开钻石成分秘密后的 150 年，许多人争相研究钻石的合成，创新了许多科学方法，实验室炸掉了好些个，宣称成功但禁不起复验的假新闻也时有所闻。

1953 年，瑞典通用电机公司的一组科学家于 8 万大气压及未记录的温度下制出人类第一颗合成钻石，但有人说因实验数据不完整，或被当时的戴比尔斯公司买下技术，致使研究中断，瑞典通用电机公司拖到 1960 年代，才正式向世界宣布制出人工钻石。（也有人说该公司律师认为“天然钻石比比皆是”，误以为人工“钻石”无法申请发明专利而未发表。）

“1954 年 12 月 16 日晨，当我打开盖子的刹那，双手开始颤抖，心跳跟着加速，膝盖变得不听使唤，几乎站不住了……”霍尔博士（ Dr. H. Tracy Hall）回忆其制出人类历史上第一颗合成钻石的情形。

1955 年 2 月 15 日，美国通用电气公司在重复验证霍尔的数据和制程、确认其可重复性之后，正式对外宣布成功制造了人工钻石，并将该制程申请了世界专利。

通用电气公司的成功引起了各方的关注，也带动了合成钻石的研发，各家纷纷加码经费，招兵买马，莫不想争食工业钻石应用的大饼。戴比尔斯要求业界应开诚布公遵守《最佳执业守则》，告知消费者相关产品为合成钻石的信息。1950 年代适逢第二次世界大战，低品质天然钻石研磨的钻石细粉，已无法供应世界的广大需求，人工钻石正好可弥补此一空缺。

后起之秀 CVD

通用电气公司霍尔博士团队所制的人工钻石技术被归为高压高温制程。其实，几乎相同年代，美国联合碳化物公司（Union Carbide）也在低压条件下，由气体碳制出了钻石，只是其长晶速度及优良率不佳，未获产业青睐。这种低压方法的制程又被称为化学蒸气沉积法（Chemical Vapor Deposition， CVD）。它利用了微波将甲烷中的碳原子和氢原子链打断；分离后的碳原子以电浆形式逐渐沉积在预置的钻石晶种之上，形成钻石。这项技术在 21 世纪初取得了重大进展。2005 年美国的卡内基实验室已能制出 5 克拉以上的单晶高质量宝石级钻石。

人工钻石的用途非常广，采矿或医疗工具上的钻头皆需要。钻石绝佳的导热性（是铜的 5 倍）也使它成为电子元件上的优异散热器。今日人工钻石已是一个大产业，约有 20 个国家投入生产，年产量约 300 吨，超过天然钻石总产量 20 吨的 15 倍之多，且逐年增长。然而，这些钻石都是很小的微粉、细粒或薄膜，少有大颗粒的宝石级晶体，制造晶形大且完整的人工钻石需有较大腔体，成本高昂。

珠宝业比较关注的是宝石级近无色及彩色人工钻石的发展，以及与天然钻石在分辨上是否会造成困扰。通用电气在1970年代已经制出1克拉以上近无色的人工钻石。日本的住友商事在1985年也公开展示了15克拉的宝石级合成黄钻。

原理上，只要将碳转换成sp^3（化学键结上的一种方式，即每个碳原子在三度空间中的这一轨域相互结合），即可形成钻石组态。转换同为纯碳的石墨为最快速。此外，一切含碳的物质均可能在纯化碳元素、去除其他元素后，在适当温度和压力下形成钻石。近年流行以先人骨灰制造钻石，也是同样的道理。据报道有人取音乐大师贝多芬的遗发做成“发钻”，报道中10根遗发，碳的量应不足以制出电子媒体照出来那颗熠熠生辉的“克拉”蓝钻，只能推测该钻石中有部分碳，来自贝多芬的遗发吧？

实验室生长钻石

人工制造钻石，又称实验室生长钻石（Laboratory Grown Diamonds，LGD）。之所以称为“实验室生长”，因早期研究阶段多在实验室中进行。该词也沿用至今而不衰。又因为实验室给人一种“高”“大”“上”的印象，故制造业者即使今日规模已达大型的正规工厂水平，仍乐以“实验室生长”来称呼此产品。

营销时除以“实验室生长”一词，还有培育（Cultured）的描述，但此字词给人养殖珍珠的联想，偶尔产生混淆，美国联邦贸易委员会则有较严谨的规范。不论如何称谓，诚实都是钻石行业永续的根基，故在销售时完整清楚地告知消费者才是正途。

2012年起，各大国际珠宝展览会上，实验室生长钻石如雨后春笋般冒了出来。2018年的香港珠宝展甚至已有一整个销售实验室生长钻石的专区（LGD Pavilion）。2018 年钻石行业最劲爆的消息，无疑是曾经掌控全球天然钻石矿产九成以上、即使在 21 世纪仍有四成的戴比尔斯公司，正式宣布 2018 年 9 月起，在美国市场推出品牌名为“Light Box”的实验室生长钻石首饰。

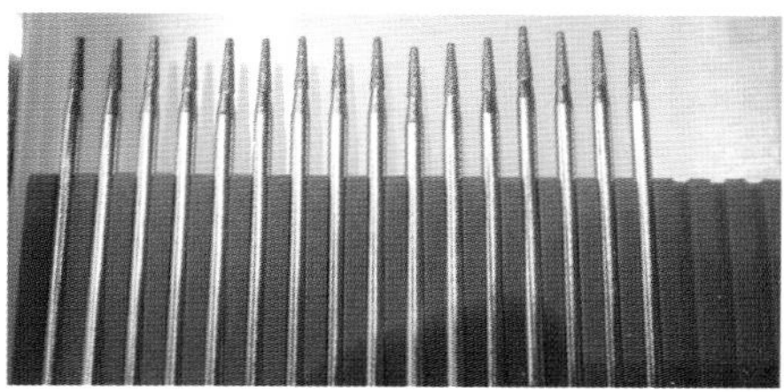

人工钻石广泛应用在工业钻头及磨具上

第五节　合成钻石大事记

合成钻石进入珠宝首饰业中最值得一提的一件大事，是1993年前后旧金山的“人工祖母绿”发明人卡罗尔·查塔姆（Carroll Chatham）之子汤姆在苏联解体之际，取得先前用于国防科技的合成钻石技术，向世界宣布推出“查塔姆制宝石级人工钻石”（Chatham Created Diamond），一时间，全球宝石业为之震惊。汤

查塔姆制合成钻石，艳彩黄橙色（Fancy Vivid Yellow-Orange），0.40克拉

姆的比喻令人玩味："人工钻石（宝石）之于天然钻石，一如冰箱所制冰块之于天然冰。"当年的查塔姆合成钻石声势虽浩大，但技术始终停滞，未能制出更大颗粒及无色晶体。汤姆也在数年后告诉笔者，他投资的数百万美元算是失败，只做了 1000 颗"样本"。（他还兴冲冲地委请 GIA 开立合成钻石报告书呢！）

不气馁的汤姆后转向其他合成技术，在 2005 年香港珠宝展设柜展售"查塔姆制彩色合成钻石"。

盖迈希（Gemesis）、阿波罗（Apollo）则是另两家较知名、近年也积极推广人工合成钻石的厂家。盖迈希公司本部设于美国的佛罗里达州。据称，佛罗里达大学在研发上也提供了相当大的协助。该公司也于香港中环设有行销点。2014 年 6 月盖迈希公司改组并更名为纯净成长钻石公司（Pure Grown Diamonds）。阿波罗总部则位于美国马萨诸塞州的波士顿。

查塔姆公司网站的人工钻石与天然钻石的比较资料：

	天然钻石	查塔姆合成钻石
颜色	多样	多样
光泽	金刚光至蜡状	金刚光至蜡状
晶系	正八面体	正八面体
成分	碳	碳
硬度	莫氏 10	莫氏 10
折射率	2.4	2.4
比重	3.5	3.5
色散率	0.44	0.44
熔点	3820K	3820K
劈裂	完整	完整
荧光	多样	多样

GIA 的 GTL 鉴定实验室所发布的 CVD 合成钻石尺寸成长年份表：

时间	事件
2003 年 11 月	首颗超过 1 克拉 CVD 原石制出
2007 年 1 月	首颗 1 克拉以上圆形明亮式 CVD 制出
2008 年 7 月	首颗 1 克拉以上 CVD 送检（棕色）
2010 年	首颗 1 克拉以上近无色 CVD 制出
2015 年 10 月	3.23 克拉圆形 CVD 制出
2016 年 9 月	5.19 克拉垫形 CVD 制出
2018 年 5 月	媒体发布 9.04 克拉圆形近无色 CVD 制出

面对人工钻石的 4D 法则

2012 年，IGI 实验室分别在比利时和印度收到掺杂有合成钻石的整包 0.30 到 0.70 克拉，F 色到 J 色，VS、SI 为主的天然钻石送检。由于数量不少，因此对行业发布了警讯，一时之间，市场为之混乱与恐慌。

一向高瞻远瞩的钻石报价表发行人雷朋博在一片慌乱当中，提出了他的 4D 建议法则，即

区隔（Diferentiation）：

所谓区隔，明确了天然钻石与人工钻石两者的真实不同点，前者为自然生成后经人工开采，后者为实验室生长。

侦测（Detection）：

门市业者应学习初步侦测原理及技巧，遇质疑，应寻求实验检测报告。

记录（Documentation）：

此所指之记录，乃产品流通时之记录单据、文件或发票之类。在商品叙述时，应明确说明产品属性，确保不生混淆，非仅止于鉴定报告一类文件。

告知（Disclosure）：

告知是最基本的义务，销售中的每一环节，不论批发或零售，都应清楚诚实地告知产品内容。天然和人工各自有其市场接受者，但消费方有权知悉钻石来源。

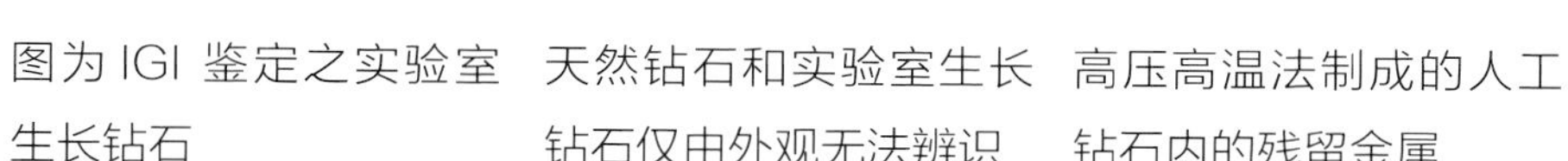

图为 IGI 鉴定之实验室生长钻石

天然钻石和实验室生长钻石仅由外观无法辨识

高压高温法制成的人工钻石内的残留金属

第六节　钻石的处理

宝石处理（Treatment），是指除了切磨以外的人为操作。以钻石而言，对切磨无法改变的缺陷，例如颜色不够理想、净度上碍眼特征的修饰，都算“处理”，类似人的“美容”。

合成立方氧化锆一直是人工制品仿钻石的主要商品之一，也有人称其为“苏联钻”。近年来，随着彩黄色钻石的流行，黄色立方氧化锆也跟着上市

也有人美其名曰“优化”（Enhancement），然而使用此名词应谨慎，因为处理的确在外观上对宝石有所改善，但有些处理可能无法持久，受外力或许会恢复原貌，即使是永久性的处理，得到提升的只是视觉上的，宝石

的本质并没有真正“优化”。

要了解宝石处理，可从以下几个方向入手：

1. 处理的目的何在？

2. 该处理效果是否永久保持？

3. 如何检测？

4. 销售上如何告知？

钻石购买者想在既定预算内买到心目中的好颜色和高净度，往往难以达成。受到市场需求的驱使，关于钻石在颜色和净度上提高的研究，不曾间断。

先由净度谈起。

颜色经高压高温处理的钻石，有的证书以颜色经加工（Color Processed）等加以说明

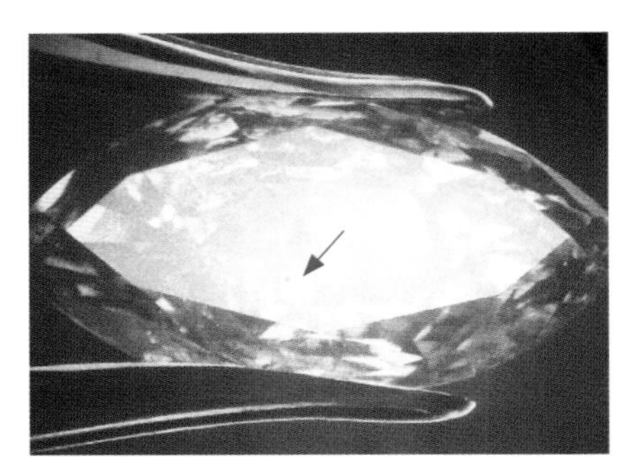

激光孔由台面穿入（箭头处），不放大并借助反光检查，还真不易察觉

由侧面放大检视此钻石，一团白雾状的上方有一小管，便是激光在钻石业上应用的之一。原本影响正面外观的“黑色团状”，经激光穿一小孔，灌入硫酸后加以漂白

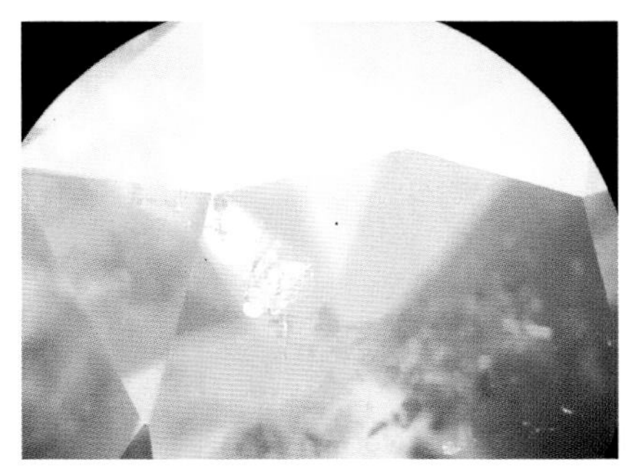

被漂白的“黑团”再放大（45倍），则不见黑色，而呈白色

激光穿孔漂白处理

1960年代末、1970年代初期，受惠于激光技术的进步，钻石内部不好看的黑色晶体，可利用激光穿一细孔，以激化漂白，或者再灌入酸液加以漂白。在制作上通常从侧面或底部不显眼的地方下手，并留下一条细长的圆柱，称为“激光孔”（Laser Drilled Hole）。

经激光漂白后的钻石不会再发生质变，属安全永久性的处理，钻石的“视觉净度”也获得了提升。激光所遗留的孔径，被视为净度特征之一。所谓“视觉净度的提升”，指钻石的原本净度并不因此而获得升级，但卖相会变得更好是毋庸置疑的。

比较近代的激光应用是以激光直接由内部穿孔，撑大内含物，使其胀裂而触及表面，再注酸漂白，如此可不留下以往的孔痕。也有业内人员以此法“掩护”进行“裂缝填注玻璃”处理，详见后页。

钻石的净度处理

方式	问世年代	目的与结果	安定性
激光穿孔与漂白（由外部穿入）	1960 年末 1970 年初	改善视觉外观，提升卖相，但未必改善原本净度	稳定，属永久处理，激光孔被视为净度特征之一，GIA 核发分级证书
激光激化内含物，使其裂及表面（由内部处理）	2000 年代初	1. 同上，将黑、暗色内含物漂白 2. 可配合“掩护”后续的裂缝填充处理	如仅为漂白则属稳定，但若加上裂缝填充处理，则属“非永久”的暂时性处理，填充料受高热及酸碱侵蚀可能逸失

裂缝填充处理

1980 年代，以色列的耶胡达（Zvi Yehuda）研发出一种新科技，在约 50 个大气压及 400℃的环境下，将含有铅、铋、硼及氧的玻璃物质注入钻石的裂缝内，使裂缝变得不明显，在裸眼下难以看见。“裂缝填充钻石”（Fracture Filled Diamonds）在当时也引起了不小的骚动。

今日，除了耶胡达外，柯氏公司（Koss & Shechter）、戈德曼·奥韦德公司（Goldman Oved Diamonds）也提供了类似的产品与服务，为原本不易销售、裸眼即可见到裂纹的低净度钻石找到商机。

其实在裂缝内填注物质已不是新鲜事，祖母绿的泡油处理已行之有千百年，且广为业者与大众知悉。泡油乃利用油液浸入裂缝后，拉近宝石与裂缝间的折射率差，让裂缝看起来不再明显，以提高“视觉外观”。

祖母绿裂缝填充已行之有年

台面中央的横线是玻璃填充的。原本更明显的裂缝在填充后变得较透明、干净，只在放大镜下某角度呈紫蓝色反光

钻石裂纹的处理也是一样的道理。处理的前提是钻石需有“触及表面的裂缝”，这样填注料（玻璃物质）才能进入，予以填补。裂缝内原本是空气，光在钻石中传播，碰到以空气为主的裂缝，两者是不同介质，折射率相差甚大（2.417与1），因此裂缝明显易见。若施以玻璃填充，玻璃料因含铅量高之故，折射率提高至接近2，此时裂缝位置与钻石间的折射差不多，裂缝也变得不明显，不易察觉了。

裂缝填充的应用不仅可遮掩大的裂纹，腰围上小的须裂纹也可以处理。

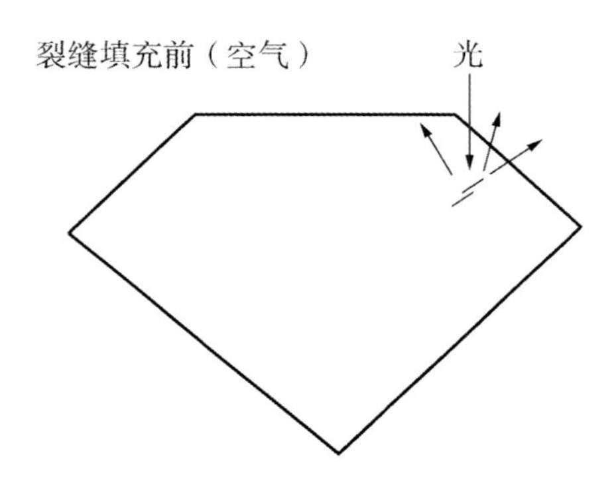

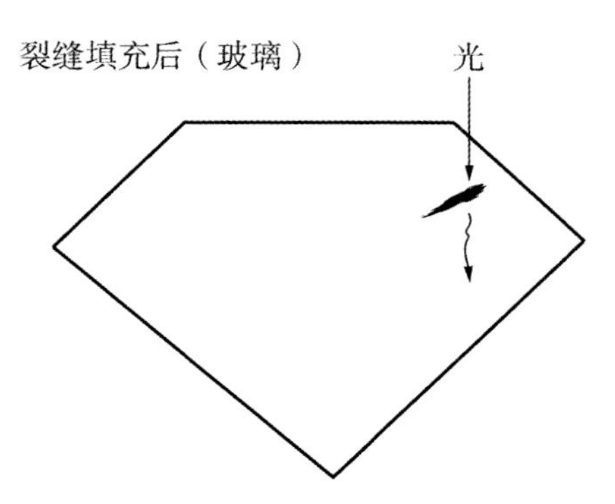

基于玻璃在高温下可熔解的性质，利用玻璃进行裂缝填充后的钻石，在镶嵌或改台时遇火枪烈焰，可能如汗珠般由缝中逸出，造成损害。此外，经严格重复测试发现，有的处理在经过数百次的超声波洗净器或蒸气喷头清洁后会发生质变。故本处理被视为“非永久性”处理。

侦测裂缝填充钻石并不困难，但应谨慎行事，以免误将未处理钻石当成“嫌犯”，弄得草木皆兵，引发不必要的困扰。

怀疑钻石内裂纹是否被充填外物，第一步便是确认该裂纹是否延伸至表面。若裂纹局限在钻石内部，并未触及钻石表面，则显然填充料“无路”可走，该裂缝即未经填充处理。即使已达表面，仍需进一步观察，才能论断。

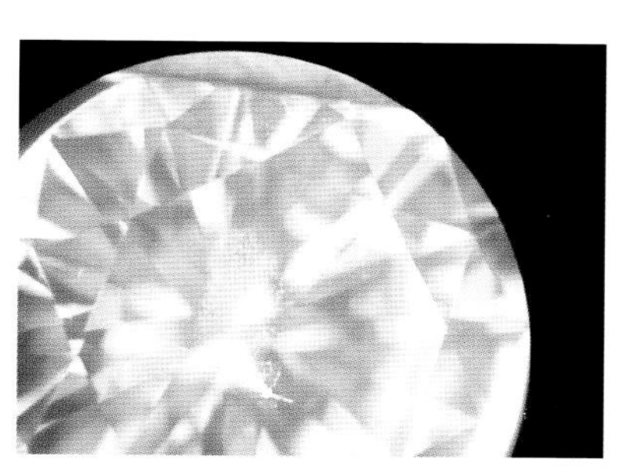

中央区似“指纹”的白团乃填注了玻璃的裂纹，下端隐约可见紫蓝色的反光，俗称“闪光效应”

“闪光效应”（Flash Effect）是检查钻石裂缝填充上的好指标。各家制程不一，所展现的闪光颜色也可能不同。

所谓闪光效应，就是在放大镜下观察时，填充区所闪出整片紫色、红色或绿色的光。检查时晃动钻石，前述有色光的颜色可能由一色变成另一色，但请勿和未填充时裂缝本身可能出现、漫射引起的七彩光混淆。

因填充料干涸也可能出现似蜘蛛网的纹路，圆形的气泡也是玻璃内常见的特征。此两者均不见于未处理钻石内部。

裂缝填充处理为希望购买大颗粒，但经费有限的顾客，提供了一个不错的替代选择。在正常细心的佩戴情形下（如游泳时取下、远离高温、用温和清水洗涤等），可保相当长时间不变质。即使如此，消费者均有权知道购买产品被处理的事实。“告知”（Disclosure）是一种道德，也是义务，一如西谚所云：“诚实为上策。”（Honesty is the best policy.）

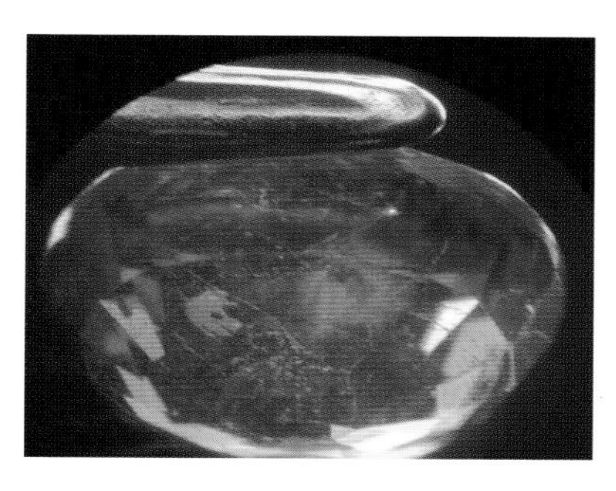

近年红宝石也流行裂缝填充处理

改色：加色与去色

钻石的颜色如果不够美丽，可以通过一些科学的方法加以变更，而且改变后的颜色，恒久不变。当然，几百年前的文献也有直接将颜料涂在钻石表面的记载。

最早发觉钻石可以改变颜色约在100年前。1904年，克鲁克斯爵士（Sir William Crooks）把一些棕色钻石埋在具有放射性的镭盐内，发现镭元素衰变所释放的辐射可将钻石变成灰绿色。这也让人们注意到钻石颜色可以改变的事实，由此引发了后人的研究兴趣。

钻石的改色可分成两大方向：

1. 将不佳的颜色变成美丽的彩色；

2. 将不佳的颜色去除，变为无色钻石。

不论是1或2，两者目标都是将原本不美的钻石变成和市场认定价位高的美丽钻石一样的颜色，以供消费者选择。

通用电气公司的GE-POL改色钻石就是以IIa型微棕色钻石为起始材料，经高压高温处理后改成无色。瑞士宝石学院院长汉尼博士（Dr.

高压高温改色的钻石有时可见似“榻榻米”细条纹

SSEF 2001年开发的II型钻石改色分辨仪
（图片来源：Swiss Gemmological Institute）

Hanni）在 2000 年，利用 IIa 型钻石紫外线的穿透度发明了简易的 SSEF IIa Diamond Spotter 检测器。

戴比尔斯公司意识到此类钻石对市场可能造成的威胁，因此全面封锁了 IIa 类原石的流通。幸好这类钻石只占全部钻石产量的不到 2%，因此市面上已少再见到高压高温去色的钻石。

改色法中，除了镭可让钻石变成绿色以外，其他方式也能使钻石展现不同的色彩。几种主要的方法包括回旋粒子加速器、格拉夫电子轰击法、中子辐射法等；此外，1990 年代末也发展出高压高温的钻石改色法。

早期辐射法有剂量残留的问题，现代化的辐射法不但使处理后的钻石颜色均匀，且不残留辐射，几乎免除了健康上的疑虑。

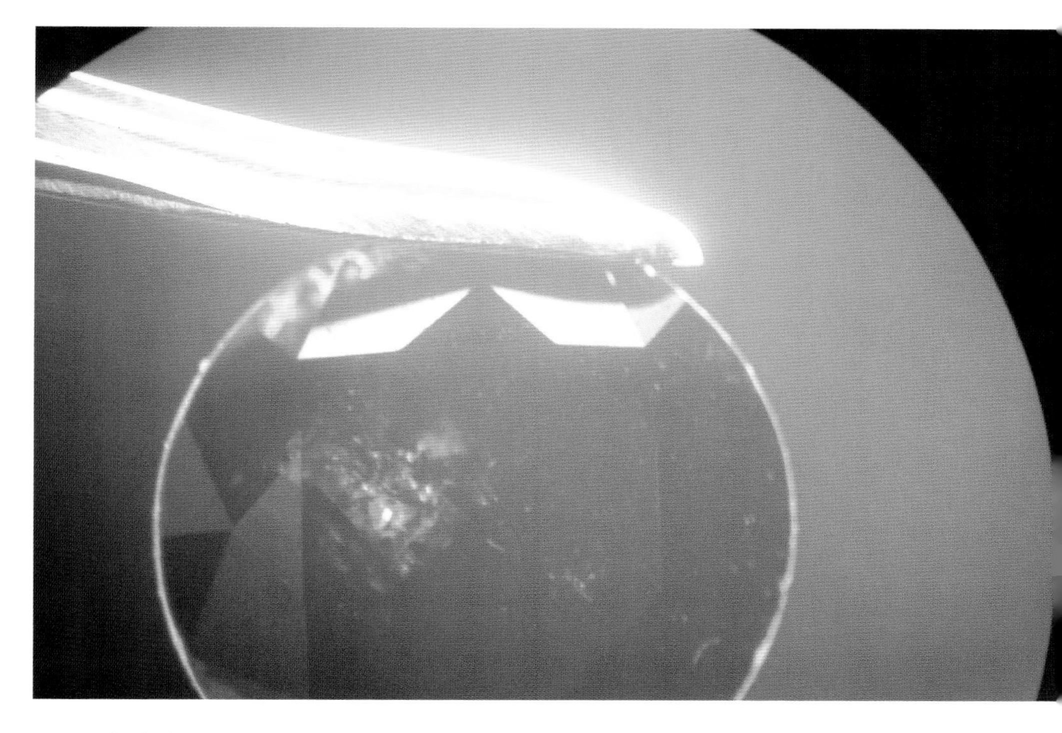

1990 年代末，大量出现的黑钻石系由暗棕色钻石辐射而来，今日则改由加热而得，以强光照射可见其原本的墨棕色及透光区域

加色钻石的处理方法与侦测

年代	方式	所成颜色	稳定性	侦测要领
1900年代初	镭元素辐射	灰绿、墨绿、蓝绿	不稳定，即使经过百年，仍有辐射残留有碍健康	仅表层浅薄颜色，加热至450℃会褪色，24小时包覆的底片会曝光
1940—1950年代	α粒子撞击法回旋粒子加速	绿色及黑色，二阶段处理再经加热后可得棕色、黄色与棕粉红色	安定不再改变	底尖附近有时呈现俗称“伞状”的阴影
1970年代	中子辐射核子反应炉	依辐射时间及强度的不同，可制出绿色、蓝绿色、黄色、粉红色、棕红色等颜色的钻石	安定	分光计内可见503纳米、495纳米的吸收线，辐射后整颗均有颜色，不同于前述局限表层
1980年代	电子轰击格拉夫反应器	先转为蓝色，二段加热后可得黄色及少量的粉红色	安定	颜色局限于表层，经此法所得的蓝钻，不似天然IIb型蓝钻可导电
1990年代	高压高温法，1500~2000℃，5万~6万个大气压	黄色与黄绿色	安定	495纳米、503纳米有强烈吸收光谱线，但缺典型辐射黄钻的595纳米线

如何去除钻石的颜色呢？

将钻石变成彩色的科技已行之近百年，但把颜色去掉的技术，却只有20年时间。直到1999年，通用电气公司与丽泽美钻（Lazare Kaplan）的团队才研究成功。多年来，钻石业一直认为钻石的颜色不可能被去除。通

辐射处理可得颜色之例

用电气的产品在1999年上市时，着实对钻石业造成极大的震撼：淡棕色的“丑小鸭”幻化成纯白的D成色“白天鹅”。

通用电气的研究人员将IIa类因晶格平移错位而呈略棕色的钻石，利用高压高温恢复错位排列，因而去除颜色，转化成无色的D、E、F等高成色的产品。刚推出时，世界所有的鉴定机构在无样品的情形下，难以判定颜色的处理，因而慌乱且束手无策。

幸好通用电气的目的并非打击钻石市场的秩序，并主动提供千余颗产品供包括GTL、戴比尔斯等机构研究。通用电气与丽泽美钻公司另行于比利时安特卫普设立飞马海外有限公司，简称POL（Pegasus Overseas Limited），负责此产品的销售，并且于产品腰围刻上“GE-POL”字样，以资识别，市场的恐慌于焉减缓。戴比尔斯也在足够样品和资料的研究下，知悉起始原石系IIa型不含氮的钻石，又因该类型只占全部钻石产量的2%以内，便借掌控原石之便，阻绝了此原料的流通。

图中的颜色在天然钻石中极罕见，一次见到这么多颗不免启人疑窦。没错，它们是辐射改色的天然钻石

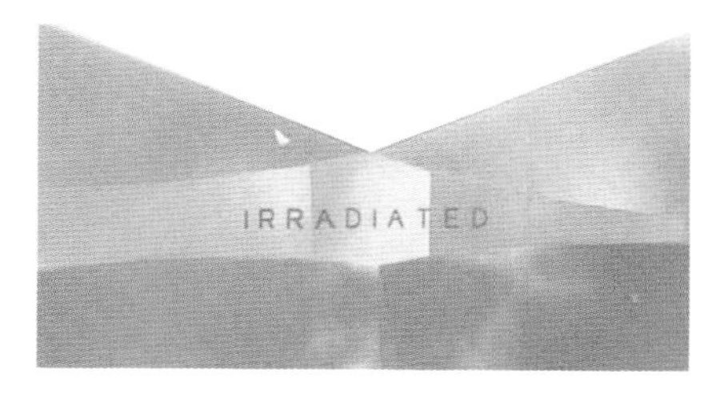

别只看腰上有激光刻字就当是“品牌”或优良的代码，Irradiated字样说明了本钻石经“辐射”改色的事实

高科技涂层法

2007年珠宝业突然见到许多颜色亮丽的彩钻。这些彩钻颜色鲜艳均匀，有别于先前以辐射或高压高温法处理的产品。起初销售者不愿告知其采用的处理方式，仅以“科技处理”一词说明。

这种以近似电镀方式在表层涂布颜色的方法，引自电子产品的“镀膜”，例如，光盘或液晶电视面板的镀膜，就是利用真空溅射（Sputter，或称溅镀）方式，把包覆物以薄膜形态“镀”在钻石表层。

同样的原理早已运用在名片与奖状的镀黄金上。近年来，在宝石市场也可见到托帕石经由同一处理，镀出美丽的粉红色和七彩色。

七彩托帕石（Rainbow Topaz）也是表面镀膜处理的一种

镀膜钻石属于“涂层”（Coating）的一种。其颜色无法永久存在，随着环境及时间的改变，有脱落的顾虑，销售上应明确告知，否则将被视为欺瞒行为。

比起传统以“涂料”（有时甚至就拿指甲油）涂在钻石腰围或底尖，以增添颜色的小把戏，镀膜法运用了科技，持久性也提高了许多。

锦上添花处理法

让钻石带蓝的处理方法中，有一种相当值得玩味。拜科技进步之赐，有一方法是在天然无色的钻石正面，长上一薄层的蓝色人工钻石。

《宝石与宝石学》（*GIA Gems & Gemology*）2017年及2019年春季刊，分别记录了类似案例。2017年记录的是一颗0.33克拉的彩蓝钻，经鉴定，生长的钻石厚度80微米；2019年的是0.64克拉带了灰绿色调的蓝钻

（Fancy grayish greenish blue）。两者以红外光谱 FTIR 检测，皆可见 Ia 类及 IIb 类吸收的共存，仅此点便易启人疑窦；其次，天然钻石和后来长上去的薄层间存在采用放大镜便可观察到的差异，鉴别上并不困难。

GIA 实验室如发现送鉴定钻石有经过处理迹象，将于钻石腰围上以激光刻上处理类型，如照片中 IRRADIATED（辐照）字样，并注记于证书备注栏（Comments）中

引发争议的迪普登黄钻

史上最有名的辐射改色钻石大概是104.52克拉方垫形的“迪普登”（Deepdene）钻石了。1971年3月27日由德国宝石学院及美茵茨大学鉴定为VVS_1天然彩黄色的它，现身佳士得拍卖公司。古宝琳博士受邀检视后，认为它的颜色因辐射处理而得，遗憾的是它还是售出了，最后以退款收场。

后经英国宝石协会的安德森（Basil Anderson）及GIA的克劳宁希尔德（Robert Crowningshield）证实了古宝琳博士的推论。数年前，老先生在世与笔者通信时曾特别提到了这段过往。他很开心地告诉我，“It was I who found the stone to have been irradiated and Mr. Basil Anderson at the Gem Testing Laboratory in London confirmed my findings。”（我最先发现该钻石被辐射处理，之后英国宝石协会的安德森证实了我的推论。）

第五章

钻石报价表

第一节 ◆ 缘起

第二节 ◆ 钻石报价表解析

第三节 ◆ 报价表上没有列出的项目——切磨

第四节 ◆ 红色报价单的轶闻

第五节 ◆ 2008 年雷朋博调整报价区块

第六节 ◆ 2021 的 RapNet

RAPAPORT DIAMOND
"Cash"
INSIDE
Antimoney Laundering
Inflation's Impact
Diamond Coatings
See Table of Contents, page 5
PEARS : PEARS
Luxury Retail: A

钻石报价表

第一节 缘起

1978年以前，钻石交易的透明度极低，价格非常混乱，品质的分级虽已有一定的方法，但交易商之间的索价和成交价并不公开，非但一般人难窥其堂奥，即便是批发商之间也无一定依循，全凭买卖双方互相的默契。这种近似潘多拉的魔盒被一份以自身姓氏为名的雷朋博钻石报价单（Rapaport Diamond Price List）掀开。该钻石报价表推出的前几年，行业内充满了抗拒、反弹的咒骂声。多年后的今日，这份几乎是普世引用的“独家”。该钻石报价表在协助钻石快速交易及消费信心的建立上，功不可没，而且雷朋博也成为钻石价格表的同义字。价格观察网（Price scope）的一段介绍文字说：“马汀·雷朋博是和蔼微胖版的比尔·盖茨，经济学上的天才……世界上绝大多数的钻石交易都依照他的价格表进行，卖方希望他调高，而买方则希望他调低。他一个人比整个戴比尔斯更有影响力，行为处事负责且正派。”业内也有其他机构发行钻石批发价格参考表，例如“Polished Prices”等，但雷朋博迄今仍独占鳌头，广为业者采用。

第二节　钻石报价表解析

雷朋博钻石报价表经过多年的演化，涵盖范围也越发完整，主要分成圆钻和非圆钻两类。其中，圆钻自 1 分（0.01 克拉）起，到 10 克拉为止，依质量范围分别报价。非圆钻通常以梨形作为代表，目前以 18 分（0.18 克拉）为起始，也一路延伸、涵盖 10 克拉；11 克拉以上则建议另依市场供需法则，酌量予不同等级增加价格百分比。

圆形钻的报价质量范围的区隔（或称区块）如下：

1. 30 分以下

0.01 到 0.03 克拉为一报价区块、0.04 到 0.07 克拉为一报价区块、0.08 到 0.14 克拉为一报价区块、0.15 到 0.17 克拉为一报价区块、0.18 到 0.22 克拉为一报价区块、0.23 到 0.29 克拉为一报价区块。

上述 6 个区块的钻石都在 30 分以下，通常这类被视为“小钻”的圆钻被用作为配镶的副石，常整堆放在一包内[①]。报价上也不针对单一的个别级别，而是分成 D—F、G—H、I—J、K—L 及 M—N5 个成色范围，配上 IF—VVS、VS、SI_1、SI_2、SI_3、I_1、I_2、I_3，8 个净度范围来报价[②]。

例: 0.01~0.03 克拉报价表格式

	IF—VVS	VS	SI_1	SI_2	SI_3	I_1	I_2	I_3
D—F								
G—H								
I—J								
K—L								
M—N								

2. 30 分以上

30 分以上的圆钻已可独立构成“单颗美钻”，制成单石戒指首饰等。故对于每一成色和净度等级皆有不同的价格数字。30 分以上也依质量范围分出下列不同区块。

①：小钻石一次的交易往往一整包数十克拉，金额不小。本表为批发时参考用的报价格式。

②：GIA 钻石分级中并无 SI_3 净度一级。市场上认为 SI_2 到 I_1 范围稍广，故有人以 SI_3 级描述介于 SI_2 到 I_1 的某些钻石。

0.30 到 0.39 克拉为一个报价区块（或谓框格）、0.40 到 0.49 克拉为一个报价区块、0.50 到 0.59 克拉为一个报价区块、0.60 到 0.69 克拉为一个报价区块、0.70 到 0.89 克拉为一个报价区块、0.90 到 0.99 克拉为一个报价区块①、1.00 到 1.49 克拉为一个报价区块、1.50 到 1.99 克拉为一个报价区块②、2.00 到 2.99 克拉为一个报价区块、3.00 到 3.99 克拉为一个报价区块、4.00 到 4.99 克拉为一个报价区块、5.00 到 5.99 克拉为一个报价区块③。

例: 5.00~5.99 克拉，2008 年 1 月 4 日的报价表格式

	IF	VVS_1	VVS_2	VS_1	VS_2	SI_1	SI_2	SI_3	I_1	I_2	I_3
D	1065										
E											
F											
G											
H											
I											
J											
K											
L											
M											17④

①：1 克拉以下于 2008 年报价框格调整。

②：1987 年以前，1.00 到 1.99 克拉属同一价格区块。

③：自 2008 年 2 月下旬起，增加 10 克拉以上的报价。

④：报价表中的数字，是以百美元为单位。

由表可知，2008 年 1 月，5 克拉的 D、IF 钻石报价为 $1065 \times 100 = 106\,500$ 美元 / 克拉，以一颗 5.50 克拉[①]钻石计算：$106\,500 \times 5.50 = 585\,750$ 美元。

上述数字仅是纽约现货市场批发参考价格，在供给少而需求强时，可能还得加上相当的百分比。若再加上品牌及服务等附加价值，一颗顶级 5 克拉半的圆形钻石，总价值很容易就超过 585 750 美元。

但相对于最高等级，报价表内最低一档为 M 成色、I_3 净度，价格表列只有 17，即 $17 \times 100 = 1700$ 美元 / 克拉。

以上述 5 克拉半的钻石为例：$1700 \times 5.5 = 9350$ 美元。

同是 5 克拉的圆钻，一颗近 60 万美元，一颗仅约 1 万美元，两者在批发市场上呈现的差异，也正如钻石多样的分级面貌般，复杂又令人着迷。

---

①：半克拉以上，如 5.50 克拉以上或 5.75 克拉以上，均有溢价效益，批发市场价格可能稍高。

（图片来源：DBGM）

第三节 报价表上没有列出的项目
——切磨

钻石4C中报价表上漏列的是切磨一项，雷朋博另外在《报价表导读》一文中以3种规格对应。符合最佳的规格1者可获更高的价格，雷朋博报价表原则上以规格2为基准，规格3则等同规格2，只是开放“中度蓝荧光”一项。

规格 1.

项目	钻石特征
切磨等级	Very Good 或以上
磨光及对称	Very Good 或以上
全深百分比	58.6% ~62.9%
台面百分比	54% ~63%
底尖大小	小或以下，且不得破损
腰围厚度	很薄、薄到中、中到厚 3 类
荧光反应	无或微蓝
备注栏	无处理，不可有冠角评语

规格 2.

项目	钻石特征
切磨等级	Very Good 或以上
磨光及对称	Very Good 或以上
全深百分比	58.0% ~63.5%
台面百分比	52% ~65%
底尖大小	小或以下，且不得破损
腰围厚度	容许很薄到厚
荧光反应	无或微蓝
备注栏	无处理，不可有冠角评语

第四节　红色报价单的轶闻

（图片来源：DBGM）

1991 年 GIA 在洛杉矶举行了国际钻石研讨会。当时笔者刚接下 GIA 中文课本翻译的工作，在研讨会上结识了大名鼎鼎的雷朋博先生。

通常人出了名，可以为产品代言，赚取大笔钞票，但他可是未蒙其利，先受其“害”。在那个行情紊乱、莫衷一是的年代，钻石成交参考行情的公布，似有挡人财路的味道。许多原本可以任意哄抬价格的业者，一时间难以再把持高价，因此对他恨之入骨。有些人将他的脸印在飞镖靶盘上，射飞镖泄怨，还有人将其印在面纸上，拿来擦鼻涕，感觉是代言了清洁用品，却没捞到什么好处。

经过多年的试炼，这份以他姓氏命名的钻石报价表流传到世界的每个角落，无论业者或消费者，皆普遍采用。具有讽刺意味的是，只有少数人是付费的订户，人手一份的是影印的复制品。

为杜绝影印，在某事务机器公司的建议下，他改以红色作为报价表的背底，或许对某些品牌的复印机有效吧。1993—1994 年笔者去纽约，由肯尼迪机场进入市区，一只皮箱寄放无门，想起他多年前的热情邀约——若到纽约定要上门叙叙，顺道聊聊大中华市场的计划，便拖着行李到他位于 47 街的办公室。乍见我到来，他高举着新的红色报价表，兴奋地说终

读者手中若恰好有份报价表，请仔细看质量区块中央有一行横向小字写着：“复制本表违法且不道德，请勿翻印。”（It is illegal and unethical to reproduce this price sheet. Please do not make copies.）

于找到了摆脱被盗印的困扰。

我只问他复印机在哪，随后一手接过报价表，置入机内，指尖一按，清晰的数字涓滴不漏地印了出来。他在连呼惊讶、不可置信的同时，也再次感叹防止盗印的不易。

2001 年初，我再问起他对报价表被泛滥影印、散布有何感想时，他的回答倒是很巧妙：“对于盗印者‘保留’法律追诉权，但被大家翻印使用，至少表示我这个品牌是受到市场认同的。”

第五节 2008年雷朋博调整报价区块

（图片来源：DBGM）

2008年2月下旬，雷朋博公司调整了钻石报价的几个区块。例如，原来30分到37分改为30分到39分为一个区块，新的报价进行如下改动：

（1）29分以下分为6个区块，成色以范围D—F、G—H、I—J、K—L、M—N为一项，净度IF—VVS属一项，VS自成一项，以下则分列SI_1、SI_2、SI_3、I_1、I_2及I_3，6个区块质量范围分别是1到3分、4到7分、8到14分、15到17分、18到22分及23至29分。

（2）30分以上依各颜色及净度报价，质量方面30到39分为一区、40到49分一区，1克拉以上区域维持不变。

（3）新加入10克拉的报价。以2008年2月22日为例，10克拉D、IF报价为每克拉170 000美元。

第六节　2021 的 RapNet

雷朋博集团成立于 1976 年。其从 1978 年提供第一份雷朋博报价表开始已经营了几十年，整合了全球绝大部分的矿产钻石交易资源，并将能够反映市场实时情况的价格表，每周发布一次，作为全球钻石价格的客观依据。雷朋博集团旗下的 RapNet 平台是以报价表为根据，提供 B2B（企业与企业之间通过互联网进行产品、服务及信息的交换）平台和参考，进行交易的钻石交易网络。其每天约有 150 万颗钻石上架，价值超过 78 亿美元，是目前世界上最大的在线钻石交易网络。

בס״ד

RAPAPORT DIAMOND REPORT

Tel: 877-987-3400 ◆ www.RAPAPORT.com ◆ info@RAPAPORT.com

July 9, 2021 : Volume 44 No. 28: APPROXIMATE HIGH CASH ASKING PRICE INDICATIONS : Page 1

Round Brilliant Cut Natural Diamonds, GIA Grading Standards per "Rapaport Specification A3" in hundreds of US$ per carat.

News: Polished trading seasonally slow due to US summer vacations. Market optimistic for holiday season. Steady demand, shortages and high rough costs supporting prices. 1 ct. RAPI +2.7% in June. Cutters under pressure to raise production but concerned about rough valuations ahead of De Beers' July 12 sight. Kimberley Process reports 2020 global rough production -32% to $9.24B, volume -23% to 107.1M cts., average price -12% to $86/ct. Belgium May polished exports +161% to $555M, rough imports +362% to $664M. Titan Company 1Q revenue +117%. Birks Group FY sales -16% to $116M. Alrosa launches provenance program using nanotechnology for diamond tracking.

RAPAPORT : (.01 - .03 CT.) : 07/09/21 ROUNDS

	IF-VVS	VS	SI1	SI2	SI3	I1	I2	I3
D-F	6.6	6.3	5.3	4.6	3.6	3.3	2.9	2.3
G-H	6.0	5.6	4.7	4.2	3.4	3.1	2.7	2.1
I-J	5.2	4.8	4.4	3.9	3.2	2.6	2.3	2.0
K-L	3.6	3.3	3.1	2.7	2.4	2.0	1.6	1.2
M-N	2.6	2.1	1.9	1.6	1.4	1.2	1.0	0.8

RAPAPORT : (.04 - .07 CT.) : 07/09/21

	IF-VVS	VS	SI1	SI2	SI3	I1	I2	I3	
D-F	7.5	7.0	5.7	5.0	4.0	3.7	3.3	2.5	D-F
G-H	6.5	6.0	5.1	4.6	3.8	3.5	3.1	2.3	G-H
I-J	5.5	5.1	4.6	4.1	3.5	3.1	2.7	2.1	I-J
K-L	3.9	3.5	3.2	2.9	2.7	2.2	1.8	1.3	K-L
M-N	2.8	2.4	2.1	1.8	1.5	1.3	1.1	0.9	M-N

RAPAPORT : (.08 - .14 CT.) : 07/09/21 ROUNDS

	IF-VVS	VS	SI1	SI2	SI3	I1	I2	I3
D-F	8.5	8.0	6.9	5.9	5.5	4.7	3.8	3.3
G-H	7.6	7.2	6.3	5.4	5.1	4.2	3.5	3.0
I-J	6.6	6.2	5.7	5.0	4.7	4.0	3.3	2.8
K-L	5.4	5.1	4.4	3.8	3.2	2.8	2.4	1.9
M-N	3.7	3.4	3.0	2.6	2.4	1.9	1.6	1.2

RAPAPORT : (.15 - .17 CT.) : 07/09/21

	IF-VVS	VS	SI1	SI2	SI3	I1	I2	I3	
D-F	10.9	9.8	8.3	7.2	6.4	5.3	4.1	3.5	D-F
G-H	9.5	8.8	7.4	6.4	5.6	4.7	3.7	3.2	G-H
I-J	8.2	7.7	6.5	5.7	5.0	4.3	3.4	2.9	I-J
K-L	6.4	5.8	4.7	4.2	3.6	3.1	2.5	2.1	K-L
M-N	4.3	3.7	3.3	3.0	2.6	2.1	1.7	1.4	M-N

RAPAPORT : (.18 - .22 CT.) : 07/09/21 ROUNDS

	IF-VVS	VS	SI1	SI2	SI3	I1	I2	I3
D-F	13.0	11.5	8.9	7.7	6.7	5.5	4.3	3.6
G-H	11.7	10.2	8.2	7.0	5.9	4.9	3.9	3.3
I-J	9.2	8.2	7.1	6.1	5.3	4.6	3.6	3.0
K-L	7.1	6.1	5.2	4.5	3.8	3.3	2.6	2.2
M-N	6.0	4.9	4.3	3.6	3.1	2.3	1.8	1.5

RAPAPORT : (.23 - .29 CT.) : 07/09/21

	IF-VVS	VS	SI1	SI2	SI3	I1	I2	I3	
D-F	15.5	13.9	10.0	8.8	7.2	6.0	4.6	3.7	D-F
G-H	13.8	12.1	9.0	7.9	6.5	5.3	4.1	3.4	G-H
I-J	10.7	9.5	7.7	6.6	5.7	4.9	3.8	3.1	I-J
K-L	8.5	7.6	6.0	5.4	4.8	3.6	2.8	2.4	K-L
M-N	7.2	6.4	5.2	4.5	4.0	2.8	2.0	1.7	M-N

RAPAPORT : (.30 - .39 CT.) : 07/09/21 ROUNDS

	IF	VVS1	VVS2	VS1	VS2	SI1	SI2	SI3	I1	I2	I3
D	39	30	28	26	24	22	19	17	15	10	7
E	31	28	26	24	23	21	18	16	14	9	6
F	29	27	25	23	22	20	17	15	13	9	6
G	27	25	23	22	21	19	16	14	12	8	5
H	25	23	22	21	20	18	15	12	10	8	5
I	23	22	21	20	19	16	14	11	9	7	5
J	20	19	18	17	16	15	13	10	8	7	4
K	18	17	16	15	14	13	11	9	7	6	4
L	16	15	14	13	12	11	9	8	6	5	3
M	15	14	13	12	11	10	8	7	5	4	3

W: 25.36 = 0.00% ✧✧✧ T: 15.35 = 0.00%

0.60 - 0.69 may trade at 7% to 10% premiums over 0.50

RAPAPORT : (.40 - .49 CT.) : 07/09/21

	IF	VVS1	VVS2	VS1	VS2	SI1	SI2	SI3	I1	I2	I3	
D	44	35	32	30	28	25	22	19	17	11	8	D
E	36	33	31	29	27	24	21	18	16	10	7	E
F	33	31	29	28	26	23	20	17	15	10	7	F
G	30	29	27	26	25	22	19	16	14	9	6	G
H	28	27	26	25	24	21	18	15	13	9	6	H
I	25	24	23	22	21	19	16	14	12	8	6	I
J	22	21	20	19	18	17	15	13	11	8	5	J
K	19	18	17	16	15	14	13	11	9	7	5	K
L	17	16	15	14	13	12	11	9	8	6	4	L
M	16	15	14	13	12	11	10	8	7	5	4	M

W: 29.56 = 0.00% ✧✧✧ T: 17.64 = 0.00%

0.70-0.73 may trade at discount, 0.80-0.89 may trade at 7% to 12% premium.

RAPAPORT : (.50 - .69 CT.) : 07/09/21 ROUNDS

	IF	VVS1	VVS2	VS1	VS2	SI1	SI2	SI3	I1	I2	I3
D	72	56	50	46	42	36	29	25	22	15	11
E	54	50	46	**44**	40	34	28	24	21	14	10
F	48	46	**44**	**42**	**39**	33	27	23	20	13	10
G	44	42	**41**	**40**	**38**	32	26	22	19	12	9
H	41	**40**	**39**	**38**	**37**	31	25	21	18	11	8
I	35	**34**	**33**	**32**	**30**	26	23	20	15	10	8
J	29	28	27	26	24	22	21	19	14	10	7
K	25	24	23	22	21	19	18	16	12	9	7
L	21	20	19	18	17	16	15	13	10	8	6
M	19	18	17	16	15	14	13	10	9	7	5

W: 44.76 = 0.99% ✧✧✧ T: 24.94 = 0.55%

RAPAPORT : (.70 - .89 CT.) : 07/09/21

	IF	VVS1	VVS2	VS1	VS2	SI1	SI2	SI3	I1	I2	I3	
D	95	69	63	59	55	46	39	32	28	19	12	D
E	69	64	59	56	53	44	37	30	27	18	11	E
F	63	60	56	53	50	42	35	28	25	17	11	F
G	57	54	52	**50**	**48**	40	33	27	24	16	10	G
H	53	50	48	**47**	**45**	37	31	25	22	15	9	H
I	44	**42**	**40**	**39**	**37**	33	29	23	20	14	9	I
J	37	35	33	31	29	27	25	21	19	13	8	J
K	31	29	27	26	25	23	21	18	16	12	8	K
L	28	26	24	23	22	21	19	15	13	10	7	L
M	25	23	22	21	20	19	17	13	11	8	6	M

W: 57.12 = 0.28% ✧✧✧ T: 31.41 = 0.23%

Prices in this report reflect our opinion of HIGH CASH ASKING PRICES. These prices are often discounted and may be substantially higher than actual transaction prices. No guarantees are made and no liabilities are assumed as to the accuracy or validity of this information

2021 年 7 月 9 日圆形钻石报价表

בס"ד

RAPAPORT DIAMOND REPORT

Tel: 877-987-3400 ◆ www.RAPAPORT.com ◆ info@RAPAPORT.com ®

July 9, 2021 : Volume 44 No. 28: APPROXIMATE HIGH CASH ASKING PRICE INDICATIONS : Page 2

Round Brilliant Cut Natural Diamonds, GIA Grading Standards per "Rapaport Specification A3" in hundreds of US$ per carat.

We grade SI3 as a split SI2/I1 clarity. Price changes are in **Bold**, higher prices underlined, lower prices in italics.

Rapaport welcomes price information and comments. Please email us at prices@Diamonds.Net.

0.95-0.99 may trade at 5% to 10% premiums over 0.90

RAPAPORT : (.90 - .99 CT.) : 07/09/21 — ROUNDS

	IF	VVS1	VVS2	VS1	VS2	SI1	SI2	SI3	I1	I2	I3
D	121	110	96	81	72	61	53	44	35	21	14
E	110	101	89	76	68	57	50	41	34	20	13
F	101	93	82	71	64	54	47	39	33	19	13
G	88	79	71	66	60	51	44	37	32	18	12
H	73	67	63	60	56	48	41	34	30	17	12
I	61	56	53	50	47	45	39	32	28	16	11
J	51	48	46	43	41	38	34	28	24	15	10
K	43	41	39	37	35	32	29	24	21	14	9
L	39	37	35	34	32	29	25	22	19	13	8
M	35	33	31	29	28	26	22	20	16	11	7

W: 80.72 = 2.80% T: 43.03 = 1.18%

1.25 to 1.49 Ct. may trade at 5% to 10% premiums over 4/4 prices.

RAPAPORT : (1.00 - 1.49 CT.) : 07/09/21

	IF	VVS1	VVS2	VS1	VS2	SI1	SI2	SI3	I1	I2	I3
D	196	156	134	120	107	84	69	55	46	25	16
E	148	136	124	112	100	80	66	53	44	24	15
F	133	126	114	108	95	76	63	51	42	23	14
G	113	108	103	99	90	72	59	49	40	22	13
H	97	93	89	85	80	67	56	47	38	21	13
I	77	74	71	68	65	60	51	44	34	20	12
J	64	61	58	55	53	49	45	39	31	19	12
K	53	50	48	45	43	40	36	33	29	17	11
L	47	44	42	40	38	35	33	31	27	16	10
M	41	39	37	35	34	32	28	26	24	15	10

W: 114.64 = 2.76% T: 57.82 = 1.23%

1.70 to 1.99 may trade at 7% to 12% premiums over 6/4.

RAPAPORT : (1.50 - 1.99 CT.) : 07/09/21 — ROUNDS

	IF	VVS1	VVS2	VS1	VS2	SI1	SI2	SI3	I1	I2	I3
D	239	205	179	162	140	111	93	73	57	29	17
E	211	193	167	152	131	107	87	70	55	28	16
F	184	171	150	138	124	102	80	67	53	27	16
G	152	144	131	123	111	97	76	64	50	26	15
H	126	118	112	106	101	90	73	61	47	25	15
I	103	98	94	90	85	80	68	56	43	23	14
J	85	81	77	73	69	66	60	48	38	21	14
K	72	68	64	60	57	54	50	43	35	19	13
L	63	59	54	50	47	44	41	36	31	18	12
M	55	50	45	42	40	38	35	32	27	17	12

W: 150.80 = 2.72% T: 75.15 = 2.59%

2.50+ may trade at 5% to 10% premium over 2 ct.

RAPAPORT : (2.00 - 2.99 CT.) : 07/09/21

	IF	VVS1	VVS2	VS1	VS2	SI1	SI2	SI3	I1	I2	I3
D	385	305	255	220	195	154	128	89	72	32	18
E	310	280	235	205	180	144	118	85	69	31	17
F	275	250	220	190	170	136	110	82	66	30	16
G	220	205	185	170	155	128	103	76	63	29	16
H	180	170	160	150	135	117	98	70	60	28	15
I	145	137	131	123	115	104	93	67	56	26	15
J	122	115	108	101	95	90	82	62	52	23	14
K	104	95	86	79	74	69	64	53	45	22	14
L	84	76	69	64	60	57	53	47	40	21	13
M	68	63	60	57	53	50	45	39	34	20	13

W: 216.20 = 2.45% T: 102.47 = 2.67%

3.50+,4.5+ may trade at 5% to 10% premium over straight sizes

RAPAPORT : (3.00 - 3.99 CT.) : 07/09/21 — ROUNDS

	IF	VVS1	VVS2	VS1	VS2	SI1	SI2	SI3	I1	I2	I3
D	640	500	435	360	300	230	190	115	83	37	20
E	470	420	375	315	270	210	180	110	80	35	19
F	415	370	325	285	245	195	165	105	76	34	18
G	340	310	280	250	220	180	148	95	72	33	17
H	255	235	220	205	185	160	133	85	67	31	16
I	210	190	175	165	155	140	120	77	62	29	16
J	170	160	150	140	130	120	106	70	57	27	15
K	140	130	123	114	108	98	89	60	48	26	15
L	109	103	98	93	87	80	71	50	43	25	14
M	91	86	82	77	72	67	57	45	37	24	14

W: 329.00 = 0.00% T: 145.67 = 0.00%

RAPAPORT : (4.00 - 4.99 CT.) : 07/09/21

	IF	VVS1	VVS2	VS1	VS2	SI1	SI2	SI3	I1	I2	I3
D	795	645	570	480	390	280	210	120	89	43	21
E	600	555	485	435	365	260	200	115	84	41	20
F	535	480	435	385	330	240	190	110	79	39	20
G	430	400	365	335	290	215	175	100	75	36	19
H	335	310	290	270	240	185	160	90	71	34	18
I	255	240	225	210	185	160	135	85	67	33	17
J	200	190	175	165	150	135	120	76	60	31	16
K	170	160	150	140	130	115	105	66	52	29	16
L	135	125	115	108	99	93	83	60	47	27	15
M	110	100	94	88	83	78	67	52	39	26	15

W: 430.00 = 0.00% T: 180.10 = 0.00%

Prices for select excellent cut large 3-10ct+ sizes may trade at significant premiums to the Price List in speculative markets.

RAPAPORT : (5.00 - 5.99 CT.) : 07/09/21 — ROUNDS

	IF	VVS1	VVS2	VS1	VS2	SI1	SI2	SI3	I1	I2	I3
D	1110	870	760	690	565	395	295	140	100	46	23
E	810	740	670	600	510	365	275	135	95	44	22
F	690	640	580	535	450	335	260	130	90	42	21
G	580	540	495	460	385	300	245	125	85	40	20
H	445	420	390	350	310	250	205	115	78	37	20
I	345	325	300	280	240	205	170	105	73	35	19
J	265	245	225	215	200	175	150	95	68	34	18
K	210	195	185	170	160	145	130	85	63	31	17
L	160	150	145	135	125	115	105	75	55	29	16
M	140	130	125	115	110	100	90	65	50	28	16

W: 583.80 = 0.00% T: 238.05 = 0.00%

RAPAPORT : (10.00 - 10.99 CT.) : 07/09/21

	IF	VVS1	VVS2	VS1	VS2	SI1	SI2	SI3	I1	I2	I3
D	1720	1290	1135	1035	880	585	425	210	115	52	27
E	1240	1145	1035	935	805	545	400	195	110	49	25
F	1060	1000	900	805	690	505	375	180	105	47	24
G	885	840	765	690	595	455	350	170	100	46	23
H	700	655	605	555	475	380	310	155	95	44	22
I	535	505	475	445	385	325	255	135	90	42	21
J	405	385	360	340	315	270	225	125	85	40	20
K	325	310	290	270	245	210	180	110	78	38	20
L	250	235	220	200	185	165	135	95	68	36	19
M	205	195	185	175	165	145	120	80	58	34	18

W: 897.60 = 0.00% T: 358.28 = 0.00%

Prices in this report reflect our opinion of HIGH CASH ASKING PRICES. These prices are often discounted and may be substantially higher than actual transaction prices. No guarantees are made and no liabilities are assumed as to the accuracy or validity of this information.

2021年7月9日圆形钻石报价表

第六章 钻石产销的昔与今

第一节 钻石业有多大

几乎每个现代人都知晓钻石，许多人也已拥有或想拥有钻石。即使没有以钻石为主石的首饰，其他如红宝石、珍珠、翡翠等戒指，耳环一类饰物，也是以小钻（或称碎钻、细钻）作为陪衬的配镶。

珠宝产业中钻石业究竟有多大，是从业人员很难体会或想象，但又很好奇的一个数值。据纽约的世界钻石理事会（World Diamond Council）2005年一项资料指出，全球一年产出约12 000万克拉大小不等的钻石。10多年过去了，钻石开采量基本维持在这个数字，介于1亿到1.5亿克拉之间，原石交易总额70亿到150亿美元，原石交易总额约70亿美元（切磨完成并制成首饰则远大于此），以采矿、切磨、交易、批发制作钻石首饰维生的人员约200万，每年制出以钻石为主的首饰约7000万件。

上述资料仅是约略之估计，取样标准及运算模式的严谨程度均影响精确性，亦有其他机构提出近似或差异甚大的数值。总之，钻石之所以迷人不在于其整体产值或从业人口数，而在于其历史、神秘的传说、美丽的光芒等，这些才是吸引人们竞相收藏，甚至投入经营的真正驱动力。

（图片来源：DBGM）

第二节　世界主要的钻石开采集团

21 世纪初世界主要的钻石开采集团有以下几家。

1. 俄罗斯的埃罗莎钻石矿业公司。其前身是国营的雅库塔钻石矿区，掌握几乎 100% 的俄罗斯钻石原石生产，占全球近二成的产量。估计目前矿源至少可维持 50 年供应，年产额约 20 亿美元。

2. 必和必拓公司（BHP Group Ltd，2018 年由 BHP Billiton 更名）。必和必拓本身为大规模的能源矿业公司，燃煤出口量，铜、镍、铝、铬、铀等产量，均为世界排名前五，石油、天然气亦是其产品。钻石开采上亦积极介入，几可与戴比尔斯分庭抗礼。该公司拥有加拿大伊卡地八成矿权。伊卡地矿目前年产 500 万克拉，占全球总产量的 3%，价值达 8%。

3. 力拓矿业（Rio Tinto）。分别于伦敦及悉尼上市的力拓矿业公司，产品涵盖能源矿物、工业矿物等。该公司目前主要的钻石矿分别是知名的澳大利亚阿盖尔矿、加拿大的戴维科矿及非洲的穆罗瓦。

4. 戴比尔斯。戴比尔斯在 25 个国家设有据点，供应全球约 40% 的钻石原石，设立的据点大部分是为进行大规模探勘作业。矿产主要来自非洲，包含博茨瓦纳、纳米比亚、南非及坦桑尼亚等国，开发矿区则在加拿大。戴比尔斯 2007 年的钻石总产量克拉数为 5110 万。

自戴比尔斯逐渐减少对原石的掌控之后，诸多后起之秀的采矿公司在世界舞台大放异彩。

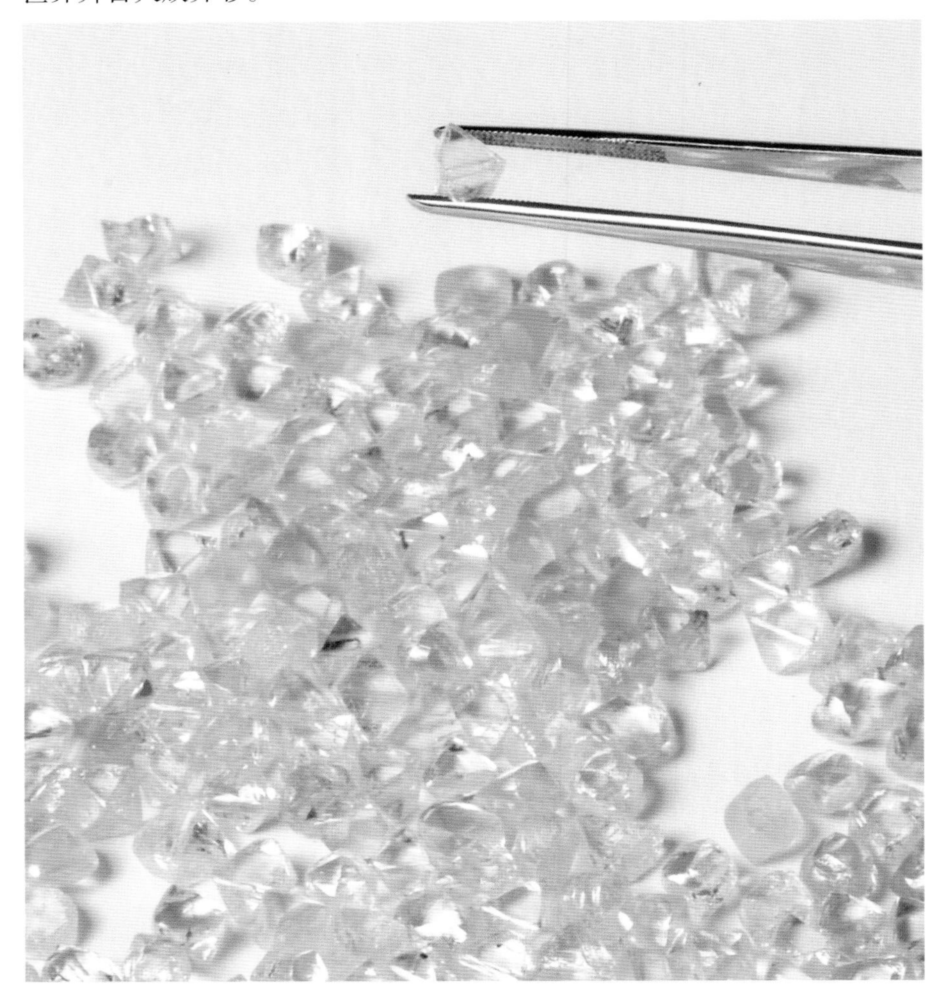

（图片来源：DBGM）

第三节　由单一市场到百家争鸣

人们面对钻石的高价时，心理有相当程度的矛盾，既害怕昂贵，又希望它保持昂贵。事实上，在 2001 年之前，几乎有 100 年的时间，钻石的管理与销售是靠着戴比尔斯建立单一市场的方式运作，消费者的信心也获得维护。

任何物品的价格，不外乎由供应和需求的平衡决定。供不应求，价格自然上涨；供过于求，下跌在所难免。钻石当然也不例外。

1860 年末，在非洲钻石矿发现之前，钻石只不过是欧洲贵族的玩物，一般人无缘亲近；随着新富阶级的成长，以及南非钻石的出产，供应和需求间也产生了微妙的角力。

1869 年，南非在今日名为金伯利市的农场发现了两处蕴藏极丰富的钻石矿：伯尔特方坦及杜妥伊思班矿；其后在 1870 年发现了戴比尔斯矿，1871 年发现了金伯利矿，将南非一举推上世界钻石生产舞台的中央，精彩、纷扰的现代钻石业也于焉诞生。因此，矿物学上将携带钻石至地表的岩石称为金伯利岩，而世上许多珠宝商家喜欢取名“金伯利”某某了。

（图片来源：DBGM）

第四节　戴比尔斯的起源与今昔

数十年来，最为人们所熟知且朗朗上口的钻石名句："A diamond is forever."“钻石恒久远”就是戴比尔斯集团花费巨资，委托广告公司绞尽脑汁后所创作出的经典名言，顿时钻石成为永恒的代名词。钻石不再是遥不可及的奢侈品，而是人们可以也应当拥有的物品。这句由撰稿人杰拉蒂（Frances Geraghty）于 1948 年想出的行销术语，无疑是广告史上最知名的标语之一，也为所属公司赢得了一份 50 年的合同。1890 年代，戴比尔斯集团掌控全球 90% 左右的钻石原石，即便到了 1980 年代和 1990 年代，仍直接、间接握有世界 80% 的钻石生产。

1888 年 3 月 13 日，“现代钻石之父”、来自英国的罗兹（Cecil Rhodes）取得了南非境内大部分钻石矿场的股权，成立了新的戴比尔斯联合矿业公司（De Beers Consolidated Mines, Ltd.），初步实现通过控制供应而掌控价格的理想。新公司首年获利相当于今日的 100 万英镑，对一个非民生必需品的行业而言，相当不错。不久之后戴比尔斯更与伦敦一家公司签约，由该公司经销它的原石。这种前所未见的单一管道架构，被许多人冠以“集团企业”的霸称。

（图片来源：DBGM）

供过于求的 20 世纪初

好景不长，1907 年在罗兹去世后的第五年，普里米尔矿被发现了，恰逢世界性的经济衰退，整个集团空有大量无法销出的库存，财务面临窘境。雪上加霜的是临近的纳米比亚（当时为德属西南非）也在海岸上发现藏量甚丰的优质钻石。这两处不受集团掌握的新矿，并未在戴比尔斯自行减产的情况下减产，使得原本已经跌到谷底的钻石价格跌得更低。戴比尔斯集团以垄断原石供应而调整价格的企图破灭，重重地摔了第一跤。

1929 年，奥本海默（Ernest Oppenheimer）在又一次世界性不景气的恶劣环境下接任戴比尔斯公司总裁。当时恰逢美国股市崩盘，即历史上著名的“大萧条”，钻石的需求几乎跌到没有，众多小型采矿公司纷纷倒闭。在自身财务极为窘迫的状况下，奥本海默收购了这些公司，“失之东隅，收之桑榆”，反而使他有效控制了南非的钻石生产。然而恶劣的境况依旧持续，戴比尔斯公司先是在 1932 年关闭矿厂，即使到了 1935 年，公司库存仍有时值 5600 万美元的原石，而该年全球销量仅为约其库存 27% 的 1500 万美元。其后销量逐渐好转，但仍封矿到 1944 年，原本堆积的库存到了 1952 年才消化完。

苦尽甘来的战后

第二次世界大战结束后，宝石级钻石的需求逐步复苏，美国成为钻石消费市场的主力，欧洲、日本、远东地区也随之而起，其间或有短暂景气浮沉，但世界性的钻石需求，整体呈现上升趋势。此一荣景延续到今天。

单一行销的年代

1990 年代前的钻石原石几乎全由戴比尔斯公司控制，可视为单一行销的年代。在那段长达 70 年的时光中，戴比尔斯以强力的促销广告如“钻石恒久远，一颗永留传”紧抓住了消费者的心，在全球的主要消费市场设立了钻石信息中心(DIC，Diamond Information Center)及钻石推广中心(DPS，Diamond Promotion Service ）作为和消费者沟通的桥梁，并协助业者推广及销售钻石。

由矿场挖出的原石则透过下辖的国际钻石推广中心（The Diamond Trading Company，DTC）配售给世界各大主要切磨中心的切磨厂及盘商。DTC 除了职掌业内熟知的原石配售外，另一项重要的挑战，即是对世界钻石生产的掌握。例如，和俄罗斯等国签约，以贷款给俄罗斯的方式取得其原石代销权利等。DTC 的角色极为成功，在 1980 年代末期成功掌握了全球八成左右的钻石原石生产。

看货会与看货人

原石的配售方式神秘又独特，引人入胜。高峰期的 DTC 一年约采购 14~15 吨的钻石原石，6 亿多粒大小不等的钻石被送去伦敦总部，由该处的专家依外形、颜色、大小、净度及可能切出成品的等级，分成 5000 种不同货型。宝石级钻石在分级和定价后，透过一年 10 次，称为“看货会”（Sights）的特殊交易方式，售给符合资格，称为“看货人”（Sight Holder）的大盘商。

看货人一般为钻石切磨业者，但也有纯批发商或零售业者。财力雄厚、销售力强是 DTC 选择看货人的基本条件，名额自 120 至 300 名不等。高峰期每包“货品”金额约在百万美元，低潮时也降至 50 万美元甚至更低。

看货人检视过 DTC 为其准备的货色后，通常只能表达接受或拒绝，一旦接受，需在 7 日内付款；货物则由国际快递或专人送达。

看货人买回货物后会加以切磨，或转售给较小型工厂切磨，再通过批发方式销售给珠宝门市，售给消费者。DTC 则通过全球性的广告活动，协助零售商保持钻石的流动，并经过共同的努力，稳定钻石在消费者心中的信心与价值，使各方受益。

戴比尔斯集团伦敦公司外观
（图片来源：DBGM）

DTC 辖下主要分成负责原石买入的公司、分级和估价公司与销售原石的公司。

传统钻石由矿场到消费者的流通途径：

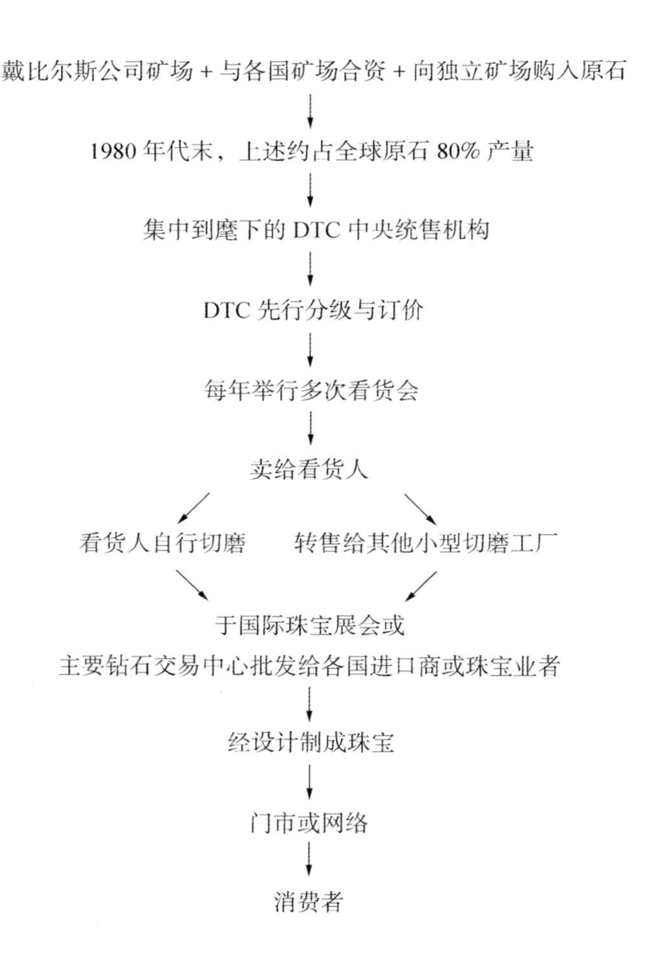

世界主要的钻石切磨中心

地点	特长
美国·纽约	以大颗粒钻石为主
比利时·安特卫普	专精花式钻石的切磨，各种尺寸皆可切磨
以色列·特拉维夫	以自动化切磨见长，擅各种尺寸
南非·约翰内斯堡	约3000家切磨厂，$\frac{2}{3}$原石来自南非，从米粒大小到2克拉皆可
印度·孟买	以擅长小钻石切磨闻名
中国·深圳	新崛起的重要世界钻石切磨中心，可直接供应广大中国市场及外销

关于“戴比尔斯”

戴比尔斯原是一对在金伯利市农场上采矿的荷兰兄弟的姓氏。两兄弟在1871年买下该处，后因表土层挖完而出售，罗兹即以戴比尔斯作为新公司的名字。

今日的戴比尔斯集团旗下数万名工作人员常驻各大洲，有上百位地球科学家持续进行钻石矿源的探勘工作。身为全球第一钻石公司，它致力成为最佳钻石原石供应商及最有效促进消费者钻石需求的机构。因此，戴比尔斯决定重组DTC业务与营销单位，便于集中执行这两项关键目标。DTC营销部门更名为“钻石咨询中心和推广中心”。

由贩卖钻石转型成贩卖观念

20世纪初，戴比尔斯掌握了世界上九成钻石原石；1980年代初，仍保有近八成的控制。随着阿盖尔矿的盛产，到了1990年代初已剩约65%的原石掌控；紧接着由非戴比尔斯主导的加拿大钻石矿在1990年代投产后，其影响力剩下约四成，并因此作出了重大的变革。

其实早在1988年年底，戴比尔斯已体认到自己的困境，股价只剩约13美元，总资产约50亿美元，减去拥有采金的英美资源集团的40亿美元后，只剩约10亿美元，库存约50亿美元。以其拥有博茨瓦纳和南非等矿业而言，几乎空无一物，资产等同库存，无法周转，更遑论持续地收购其他非集团内的钻石矿产了。

在无法自行找出及排除问题的情形下，戴比尔斯延揽了企管专家进行诊断及改造。在一连串重点检讨中，发觉自身的存货方式并非上策，买进原石并非源自市场的需求，而是希望垄断原料，而投资人并不敢买这类公司的股票，股票因此不值钱。戴比尔斯逐渐体认再也无力囤积，而是要有能力销售。在戴比尔斯决定放弃库存的同时，亦放弃对原石的掌控。新的戴比尔斯决定不再担任原石调节及管制的龙头。专家同时点出，戴比尔斯的名称反而是集团中最重要的资产。这也是促成戴比尔斯和LVMH合作，推出以戴比尔斯为品牌名的钻石的主要原因。

新的世纪，新的戴比尔斯

戴比尔斯于是理出了世纪性的新思维：与其控制原石，不如控制销售的对象和方法。戴比尔斯借着新作为，向看货人传达：时代已经改变，从“市场的竞争”转成“营销的竞争”。以往只重视切磨产能的看货人均可获配原石，在新的时代，除非有好的营销和创造附加价值的计划，否则不再获得原料。

由戴比尔斯处取得毛料的竞争，也从价格竞争变成营销能力的竞争。这种向下诉求的新做法也迫使切磨厂向下伸出触角，向零售顾客而来。

新的销售模式与通路

倘若切磨厂直接面对顾客，那么中间商、零售店何去何从？传统的销售模式是否仍然有用？问题的重点在于业者是否能通过销售创造出附加价值。

戴比尔斯并不是鼓励切磨厂去开零售店，而是和有能力销售的门市建立战略伙伴关系。钻石业将逐渐重视“你能用它为你做什么？”而不是“你有什么？”，从以往“懂得服务顾客”到“了解顾客需求”，并且“创造顾客对珠宝的需求”。

传统钻石业因欠缺营销的作为，错失许多商机。钻石业由于从业人员缺乏积极的营销推广，几乎陷入危机。

戴比尔斯发现，巨大的“品牌”商机并没有被钻石业充分利用，此点由各行业在广告预算的编列上即可明白。销售香水的广告预算可占营收的15%、可口可乐占9%、手表占6%，而钻石及珠宝不到1%。

了解到自身能力不足的戴比尔斯，于是以合伙方式和LVMH集团合作，借由LV在精品市场上成功行销的经验，将传统的贩卖钻石“稀有”的观念转变为以贩售浪漫、情感、尊荣等精品的销售精神崭新出发，在伦敦、东京、台北等世界各大都市，推出以戴比尔斯为名的品牌钻石，直接面对消费者，希望能激起同业之间的良性竞争和斗志。

（图片来源：DBGM）

第五节　世界钻石流通状况

自戴比尔斯放弃全面掌控钻石流通渠道后，新的钻石原石和切磨通路也重新洗牌。2008 年世界钻石流通状况有如下特点。

1. 传统的戴比尔斯路径仍然占有一席地位。

2. 俄罗斯由上游采矿到下游销售垂直整合的路径，主要以俄罗斯市场为主。

3. 印度大量小钻石切磨，尤其是大量澳大利亚阿盖尔原石的流入。

4. 加拿大钻石矿的发现及加拿大切磨的兴起。

5. 非洲其他国家，例如安哥拉，在公开市场自行销售钻石。

6. 独立矿主除自身产矿外，亦公开收购其他矿产。

2021 世界钻石流通现状如下：

1. 俄罗斯埃罗莎钻石公司跃居世界第一大钻石企业，掌握全球约 40%。

2. 百年老字号戴比尔斯的影响力，由 20 世纪 90 年代前的全球 80% 到 90%，下滑至 21 世纪初的四成，至今在原石的掌控已剩不到三成。

3. 拥有曾为世界单一最大矿澳大利亚阿盖尔的力拓公司，以年营收约 40 亿美元，紧密排列在前述两大巨头之后。

4. 戴比尔斯与博茨瓦纳政府合资的戴比斯瓦那（Debswana），成立于 1969 年，博茨瓦纳政府和戴比尔斯集团各占一半股份。合资公司对博茨瓦纳的经济作出了重要贡献，超过 80% 的利润由博茨瓦纳国民共享。

5. 总部位于加拿大多伦多的多米尼克钻石公司（Dominion），年营业额约 7 亿美元，曾隶属海瑞温斯顿（Harry Winston）公司，戴雅维克即该公司最有名的钻石矿。

6. 加拿大钻石采矿巨擘卢卡拉近年在国际钻石舞台上交出了令人惊艳的成绩单，不断开采出的大钻也为自己的股价带来巨大的推动。

7. 原本专注南非境内的钻石探勘公司佩特拉钻石（Petra Diamonds），企业重心也由单纯的探勘拓展到开采、切磨与营销。该公司目前在南非境内拥有 5 个大矿的股权，另外在博茨瓦纳亦有投资。

8. 总部设于英国的杰姆钻石公司，于成立的初年即以挖得近 25 年来世界第一大的 600 克拉钻石原石而成名。公司规模也迅速扩大。目前它在安哥拉、澳大利亚、博茨瓦纳、印度尼西亚、刚果与莱索托等地均有投资。

（图片来源： DBGM）

第六节　血钻石的影响与应对

1999 年，非洲塞拉利昂发生了一场争夺钻石矿权的内战。此后，凡与钻石开采相关的血腥冲突，概被称为“血钻”（Blood Diamond）或“冲突钻石”（Conflict Diamond）。一如皮草业曾因不人道的豢养和屠杀动物而被抵制一般，“血钻”消息的曝光俨然成为 20 世纪末钻石业的一个重大隐忧。这个隐忧，也因《泰坦尼克号》巨星迪卡普里奥主演的电影《血钻》于 2006 年底在全球上映，被推到了最高峰。

钻石业为了应对此一严峻挑战，采取了由源头即严格管制的金伯利流程（Kimberly Process），规定所有钻石原石在进入各国海关之前，均需密封且附有“非冲突证书”，以确保来自冲突地区的血钻无法混入供应链中，使叛乱组织无法获取钻石资金。

切磨厂至零售门市这段旅程则另以保证书，以杜绝血钻的流入。此系统规定已切磨钻石裸石和饰品成品的买卖上，必须在进出货发票内签署钻石购自合法渠道，并遵守联合国相关规定等保证。

金伯利流程证书
（图片来源： DBGM）

今天金伯利流程已被联合国及世界各国接受，世界钻石理事会及全体会员亦承诺遵守。以往冲突钻石占全球4%左右，经此措施，比例已降至约1%。

（图片来源： DBGM）

第七节 2020 年后钻石业的挑战与契机

2018 年 10 月，雷朋博发表演说，主题是“钻石业现状分析”。总结了一些当今全球钻石行业所面临的处境和契机，借由他发表的真知灼见为我们指点迷津。

由制高点看问题

今日钻石业主要的挑战来自两大方面，即外在挑战以及行业内部因素。

外在的挑战包括世界经济景气的循环与低迷、新世代对钻石观念的改变、国际的贸易壁垒和紧缩、环境保护的议题等。

行业内部的因素则包括人工钻石的上市、原石价格和裸石成品的相悖而行、同业的恶性竞争、流通渠道的不透明、不实信息的误导等。这些使得原已陷入困境的钻石产业，有着雪上加霜的担忧。

有远见的人总能看见趋势，找出内忧外患之所在，因势利导并提出应对之道，正所谓高瞻远瞩。雷朋博就是这样的英雄人物，他 40 年来总能在关键时刻洞悉问题，理出端倪，为行业的永续发展，如明灯般指引方向。

今日的钻石业再次处于何去何从的十字路口，如前述，分别有外在的因素及内部的困境。对于外在的因素，他建议业者多关注世界局势，尤其整体金融、汇率的发展，并加以应对。至于内在的环境，如人工钻石议题，他则保持乐观的态度。

一如欧洲制表工业，20 世纪 70 到 80 年代受到日本石英表的挑战，当时的瑞士厂商慌成一片，不知如何因应，多亏年轻的比弗（Jean Claude Biver）提出的另类思考，“手表的功能已不在于报时，而是一种艺术品，一种随身饰品”，自此业者不再畏惧石英表的精准报时功能，而更致力于装置艺术的发挥。于是手表产业也有了新方向，变得更加繁荣与多样化。

人工钻石并不足惧，自有其市场

雷朋博先生的看法是，人工合成钻石随着技术的进步，价格只会越来越便宜，故无法和天然钻石的稀有性相提并论。此外，戴比尔斯在欧美推出每克拉 800 美元的人工钻石饰品，也为它在饰品领域找到出路。只要在鉴定机构可以分辨的情况下，两者各有其市场。他在美国拉斯韦加斯的谈话中，引用了莫里森（Sally Morrison）的经典名言：“一生一次的场合当然要选天然钻石。”

以顾客为中心

今日，在竞争激烈的钻石行业，雷朋博先生建议业者各自走出自己的特色，建立以顾客需求为中心的经营模式。

销售钻石应由实体的产品概念升华为观念和爱。消费者购买钻石，很大一部分源自于婚庆需求，而钻石既被选定为传达爱情与承诺的信物，因此消费体验，是业者应重视的一环。

今日诸多议题，指向钻石来源

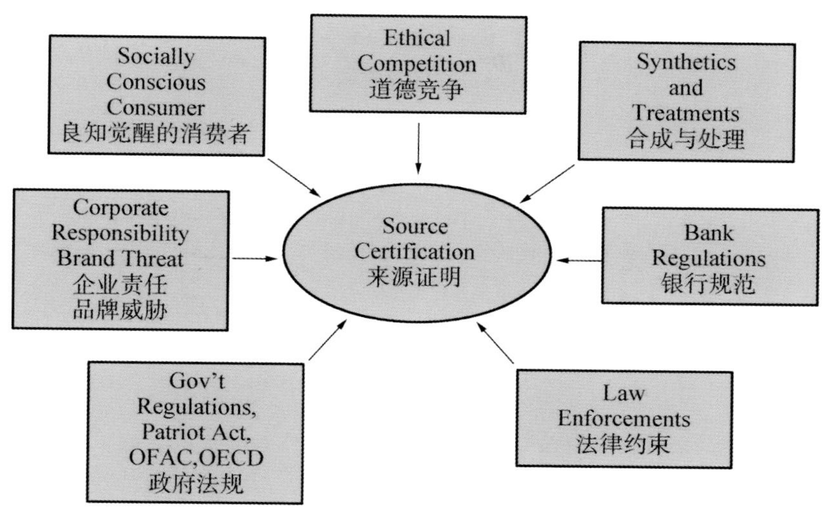

（资料来源：RAPAPORT）

钻石业未来成功之道

1. 为顾客创造价值。

2. 拥抱变化的浪潮，冲浪吧。

3. 化变化为机会。

4. 坚强、勇敢，将世界变得更美好。

毕竟，钻石是以人为本的产业，是温暖的、是充满爱的！

第七章

钻石的投资

第一节 ◆ 投资的概念

第二节 ◆ 1998 年至 2007 年钻石价格的涨跌

第三节 ◆ 1988 年至 2007 年钻石价格的涨跌

第四节 ◆ 1978 年至 2007 年钻石价格的回顾

第五节 ◆ 2008 年至 2021 年钻石价格的起伏

第一节　投资的概念

珠宝在许多人的心中，有着保值甚至增值的功能。证诸历史，宝石与贵金属确实会随通货膨胀而价格上涨，但将其视为投资理财的工具，则必须全盘评估所有外在影响因素。任何投资都有风险，况且是品质差异极大的钻石。

其他的贵重物品，如精品包或汽车，易有折旧和损坏等使用年份上的限制，这方面钻石就强得多，体积小、携带和保存容易都是它讨人喜爱的优势。但若当成投资，势必牵涉买入和卖出，尤其对非以珠宝为业的投资者，出售的通路及出售时市场对物品类别的喜好程度都有影响。

人们愿意把钱放在被喻为“最浓缩财富”的钻石之上，除了作为饰物之外，“理财”也是一个原因，约略可归纳为：

1. 作为财产配置的一项，钻石的隐匿性及易携带性在急难时有其特殊功效。

2. 可作为长、短线投资获利工具。

3. 变现能力强，不逊任何艺术品。

4. 炫耀财富。

但若以纯金钱投资的眼光来衡量，2006 年底至 2007 年底，甚至这十年周期，投资 100 万美元在不同的领域收益，可以发现下列有趣的结果。

投资产品	2006 年	2007 年
黄金	632 美元 / 盎司	834 美元 / 盎司
铂金	1118 美元 / 盎司	1530 美元 / 盎司
纳斯达克指数	/	1.9%上涨
道琼工业指数	/	10.8%上涨
50 分钻石	/	0%上涨
1 克拉钻石	/	2%上涨
3 克拉钻石	/	10%上涨

第二节　1998 年至 2007 年钻石价格的涨跌

读者手中若有一份 2006 年底的钻石报价，以及一份 2007 年底的报价，比对之下不难发现：

（1）50 分以下钻石价格一年完全没有变动，每一等级皆是，即投资该种钻石一年，无获利亦无损失。

（2）50 分至 89 分在 D、E、F、G 高成色配上 SI_1、SI_2 净度等级区域微幅下跌 2% ~ 4%，其余亦无变动。

（3）90 分到 99 分在 D、E、F 高成色配上 IF、VVS_1 高净度区域各涨 2%，其余不动。

（4）1 克拉到 1 克拉半在 VS_1 以上各成色皆涨，涨幅至 2%~ 9%不等，以 D、VVS_1 涨 9%最多，平均涨幅 2%，VS_2 净度以下全维持不动。

（5） 1.50 克拉到 1.99 克拉 ：VS_1 以上各成色皆涨，涨幅由 2%~12%不等，以 D、VVS_1 的 12%最多，平均涨幅 3%，VS_2 只有 D 和 E 两色各涨 1%，其余项目亦是完全不涨不跌。

(6) 2 克拉到 2.99 克拉: 只在 K 色以下, SI_3 净度以上, 有 3%~6% 的涨幅, 其余项目亦不动, 本区块平均涨幅 1%。

（7）3 克拉到 3.99 克拉：本区块除了几项外，几乎都有不错的涨幅，尤以 F、VVS_1 的 24% 涨幅最高，本区块平均涨幅 10%。

（8）4 克拉到 4.99 克拉：SI_2 净度以上，所有成色皆有不错的涨幅，以下，VVS_2 的 48% 拔得头筹，本区块平均涨幅约 3 成，为 29%。

（9）5 克拉到 5.99 克拉：这是涨幅最高的一块，除 SI_2 以上任何成色皆有相当大的涨幅外，连 I 成色，I_1 净度都小涨了 2%。D、E、F、G 配 VS_1 以上涨幅均超过 5 成，以 F 配 VVS_1、VVS_2、VS_1 三项的 57% 最高。

前述各项若同样取 1998 年的雷朋博报价表和 2007 年底的做一比对，亦可简单列出下列数据（1998~2007 年）。

（1）50 分以下，综合全部成色和净度，整体呈下跌，跌幅 10% 左右。

（2）1 克拉到 1.49 克拉 10 年平均涨幅约 12%。

（3）1.50 克拉到 1.99 克拉 10 年平均涨幅约 22%。

（4）2 克拉到 2.99 克拉 10 年平均涨约 34%。

（5）3 克拉到 3.99 克拉 10 年平均涨约 45%。

（6）4 克拉到 4.99 克拉 10 年平均涨约 84%。

（7）5 克拉到 5.99 克拉 10 年平均涨约 83%。

第三节 1988年至2007年钻石价格的涨跌

如再拉长成20年（1988—2007）的周期，以同样方式比对。

（1）60分以下20年来平均涨40%。

（2）70分到89分20年来平均涨60%。

（3）90分到99分20年来平均涨85%。

（4）1克拉到1.49克拉20年来平均涨60%。

（5）1.50克拉到1.99克拉20年来平均涨103%，约1倍。

（6）2克拉到2.99克拉20年来平均涨80%。

（7）3克拉到3.99克拉20年来平均涨75%。

（8）4克拉到4.99克拉20年来平均涨125%。

（9）5克拉到5.99克拉20年来平均涨138%。

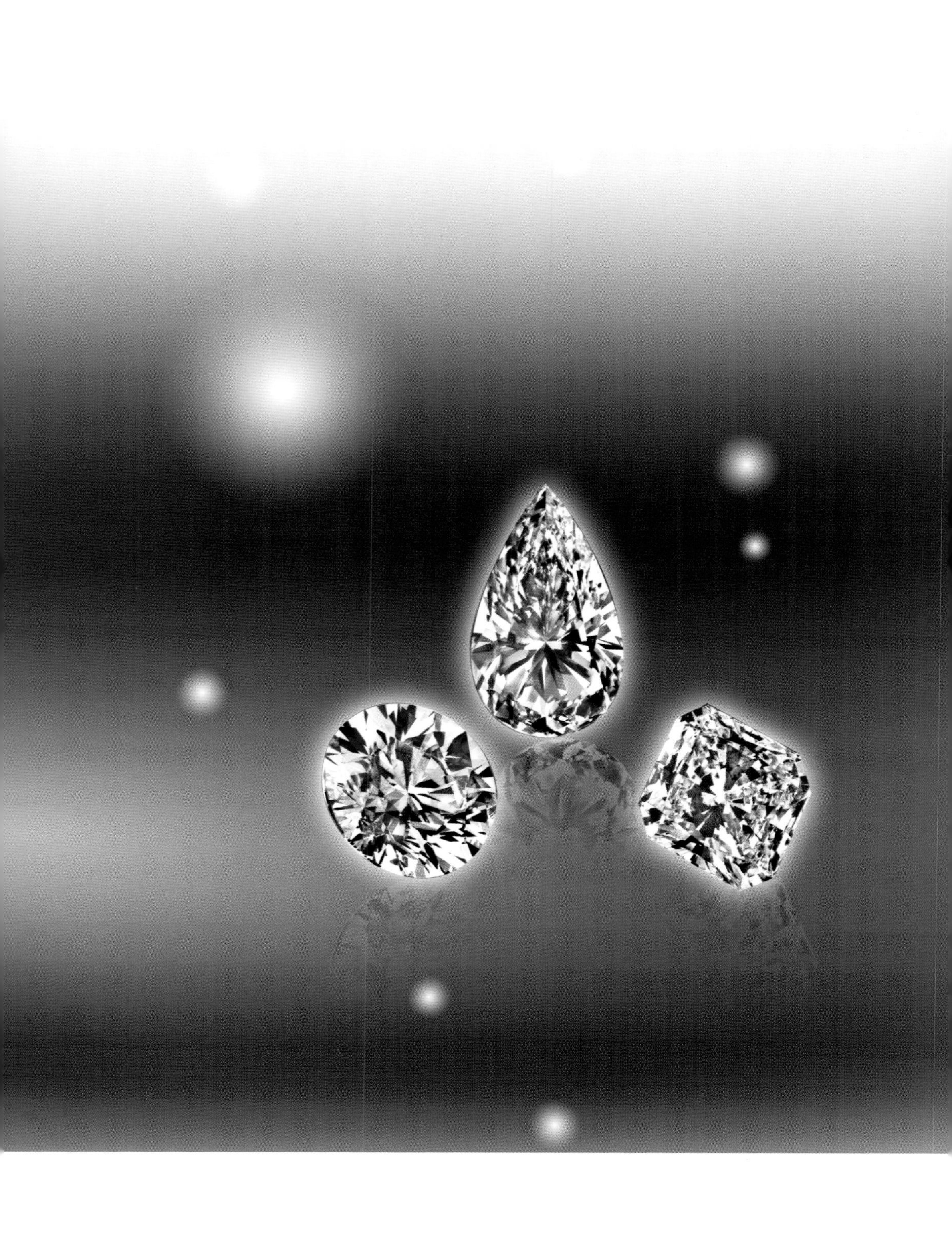

第四节　1978 年至 2007 年钻石价格的回顾

再往前回溯到钻石报价元年的 1978 年，可以察觉到有一个耐人寻味的“异数”。29 年前 1 克拉的 D、IF 竟比 2008 年的价格还高了约 8%，E、IF 也高了 3%，D、VVS_1 几乎和今日同价，其他项目比今日低 23% 到 95%。

1978—1980 年美国经济兴起了一阵投资热潮，钻石也被理财专家大力鼓吹，造成医师、律师等精英竞相抢购，尤以 D、E 色无瑕的 IF 级为标的，价格一路狂飙，最高峰期 1 克拉的 D、IF 甚至被炒到每克拉 65 000 美元；热潮后泡沫破裂，跌到每克拉 12 000 美元，经过 29 年逐步的缓慢攀升，来到 2007 年的每克拉 19 100 美元，还是不到当年的一半，值得以投资为出发点的购钻者引以为戒。

第五节　2008 年至 2021 年钻石价格的起伏

2008 年在世界经济史上被称为动荡的一年，网络上输入 2008，经常见它与“金融危机”和“次贷风暴”等词连在一起。当年的金融泡沫，由美国房地产引发的信贷崩毁，足以和 1920 年代的经济大萧条相提并论，其规模之大、程度之剧，百年难得一见。

中国古谚“鉴往知来”“触类旁通”，给 2008 年的财经泡沫做了最好的批注。大凡产业泡沫的前夕，物价会有短暂的不理性上涨，市场一片繁荣假象，钻石自不例外。举例而言，风暴发生的前三年，2005 年及 2006年，1 克拉的 D/IF 级、H/VVS_2 级、K/SI_1 级分别维持在 18 100 美元、7000 美元及 3800 美元。2005 年底、2006 年底，皆相同，没有涨跌。到了 2007 年，有了些微上涨，D/IF 级涨至 18 900 美元，小升 800 美元；H/VVS_2 级小涨 200 美元，来到 7,200 美元；K/SI_1 级多出 100 美元，变成 3900 美元。到了 2008 年，由房利美（Fannie Mae）、房地美（Freddie Mac）两大次级贷款吹出的大泡沫覆盖了各种消费产品，1 克拉的 D/IF 级一年内上涨 5500 美元，冲到 24 400 美元，H/VVS$_2$ 级涨了一成，从 7200 美元变成 8000 美元，K/SI$_1$ 级保守一些，但也涨了 200 美元，由 3900 美元升至 4100 美元。

当年黄金的价格也是如此，由 2007 年每盎司近 900 美元的高点，一度跌到 692 美元。美国政府的介入以及大量印钞（量化宽松政策）的强力措施，挽住了狂澜，受到重创的市场信心也在两年左右逐渐恢复，但人们往往是健忘的，很快钻石业在 2010 年底又迎来另一波短暂的麻痹式吹嘘，以及 2011 年底后有些“落寞的十年”。

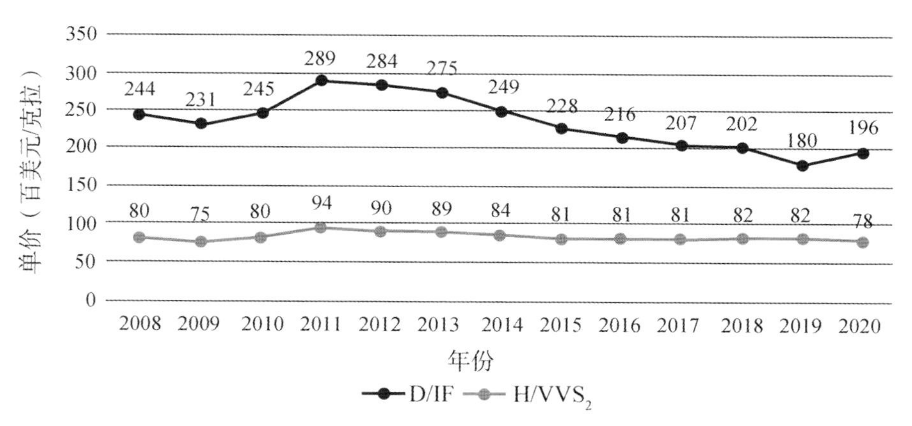

2008—2020 年 1 克拉圆钻 D/IF 与 H/VVS$_2$ 报价的变化

1 克拉 D/IF 级圆钻 20 年来雷朋博报价，单位为百美元。例如，280 即 28 000 美元，统计由 2002 年至 2020 年。

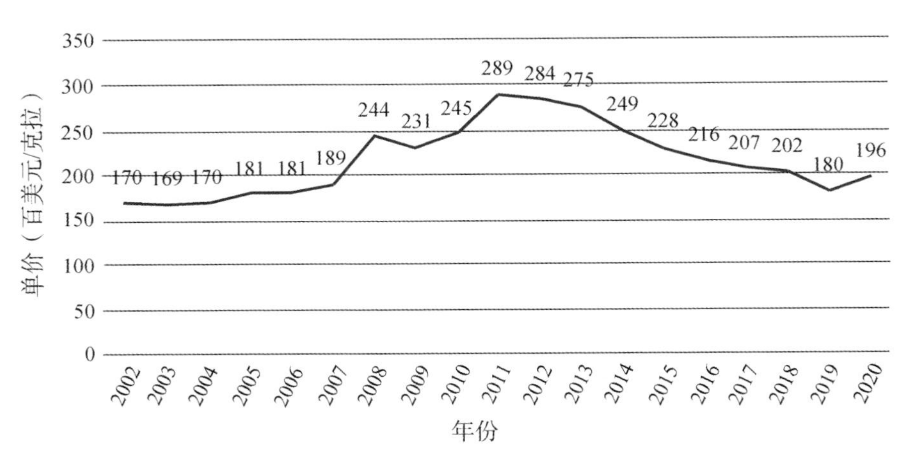

2002—2020 年 1 克拉圆钻 D/IF 雷朋博报价走势

1 克拉 H/VVS_2 级圆钻报价走势如下图，统计由 2002 年至 2020 年。

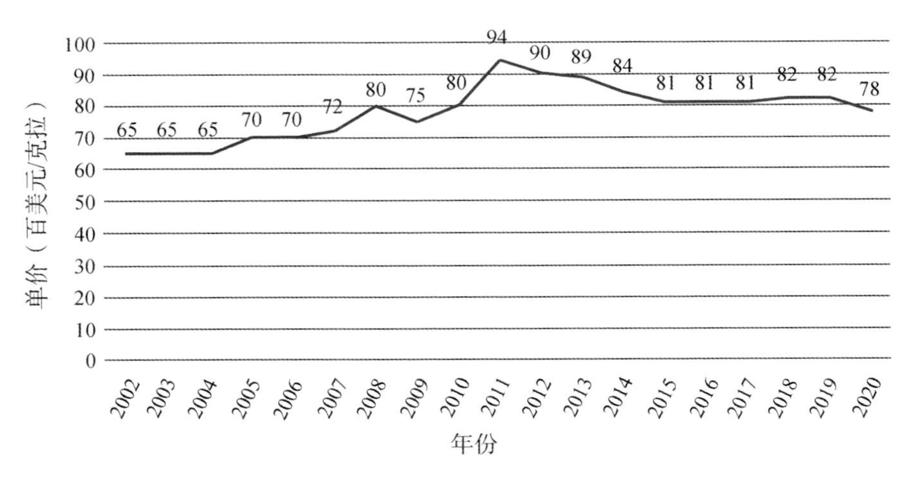

2002—2020 年 1 克拉圆钻 H/VVS_2 雷朋博报价走势

相对于高价的高成色、高净度的 D/IF 级钻石，平易近人的 K/SI_1 级或 M/SI_2 级的中档质量，可以感受到它们的“宠辱不惊，明亮不灭”的钻石特质，数十年如一日，美丽且保值。

1 克拉 K/SI_1 级圆钻，2002 到 2020 年走势如下图。

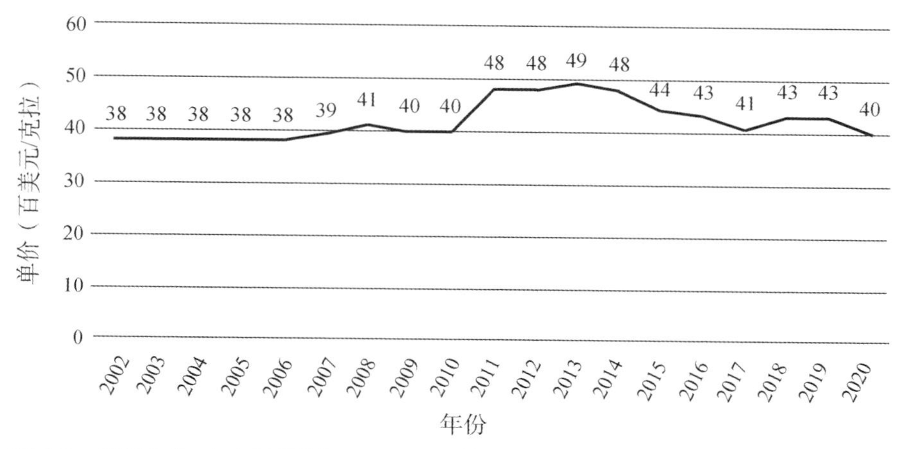

2002—2020 年 1 克拉圆钻 K/SI_1 雷朋博报价走势

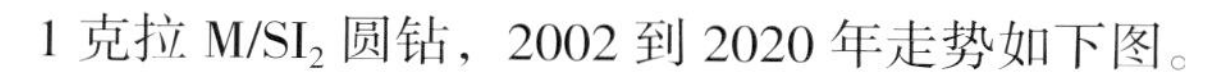

1 克拉 M/SI_2 圆钻，2002 到 2020 年走势如下图。

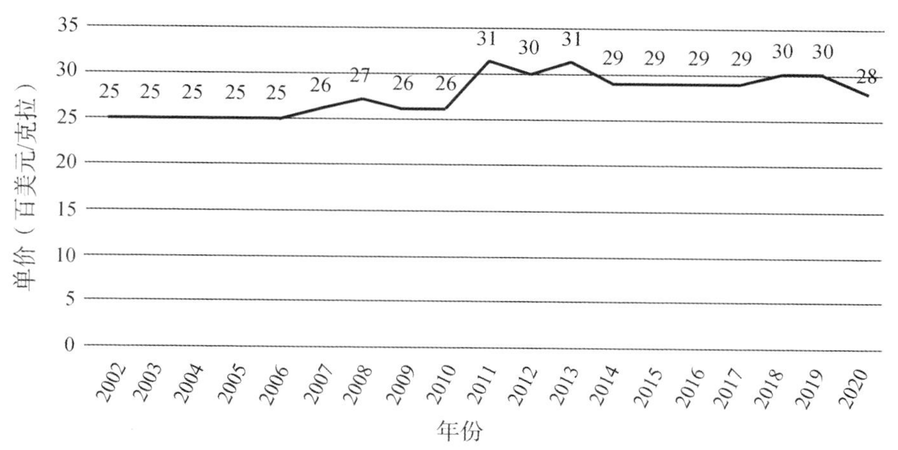

2002—2020 年 1 克拉圆钻 M/SI_2 雷朋博报价走势

20 年来 D/IF 圆钻 3 克拉、5 克拉、10 克拉报价的变化如下图。

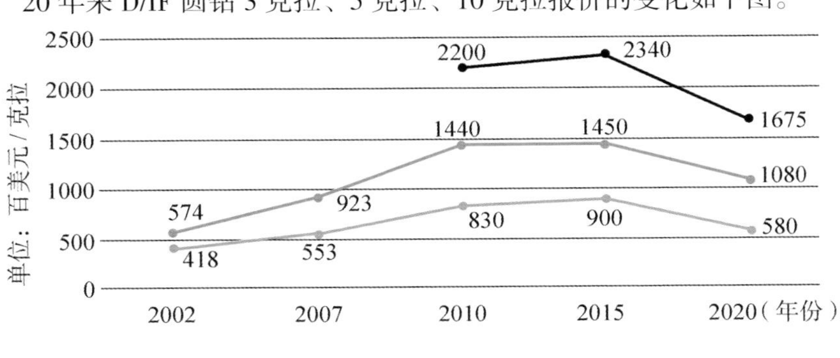

2002—2020 年 D/IF 圆钻 3 克拉、5 克拉、10 克拉报价的变化

20 年来 F/VS_1 圆钻，3 克拉、5 克拉、10 克拉报价的变化如下图。

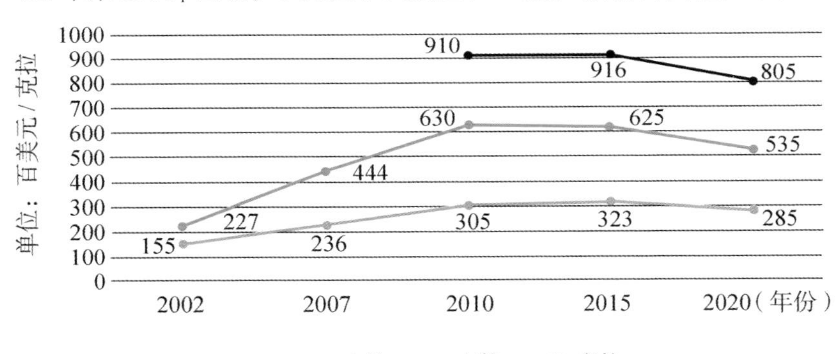

2002—2020 年 F/VSI 圆钻 3 克拉、5 克拉、10 克拉报价的变化

钻石信息中心建议

不论拥有钻石的理由为何，别忘了钻石是在 33 亿年前即诞生的自然奇迹，因为其独一无二与永恒经典的特性，成为人们记录生命重要时刻的信物，不可取代的情感价值如同艺术收藏品一般值得珍惜，购买后不轻易转售。

第八章

世界主要钻石鉴定系统与鉴定机构

GEMOLOGICAL
AGS
LABORATORIES
GIA DIAMOND GRADING REPORT
GIA
GEM TRADE LABORATORY
INTERNATIONAL
GEMOLOGICAL
INSTITUTE
DIAMOND REPORT
HONG KONG
ANTWERP
NEW YORK
BANGKOK
MUMBAI
TOKYO
DUBAI
TEL AVIV
TORONTO
LOS ANGELES
GEM IDENTIFICATION
REPORT

第一节 鉴定标准与起源

今日最早核发完整4C鉴定报告书的机构，是GIA。1955年由时任总裁的李迪克先生在综合当时淆乱的钻石批发分级制度后，开具了GIA第一份以克拉、成色、净度、切磨四大项目为标准的钻石鉴定证书。这也是为何GIA在今日依然受到举世认同的主因。国际上也有多个受到钻石业推崇且举足轻重的制度催生与规范者，如下所述。

1. 世界珠宝业联合会［CIBJO Confederation International de la Bijouterie，Joaillerie，Orfevrerie des Diamantes，Perle et Pierres（法语）］：该联盟1961年成立于瑞士，为国际间珠宝首饰业普遍认同。

2. 世界钻石理事会：世界钻石交易所联盟（World Federation of Diamond Bourses，IDMA）在1975年共同成立的组织，旨在制定一套国际钻石商贸间可共同遵循的品质分级标准。其功能颇类似前述的世界珠宝业联合会。

3. 斯堪地那维亚钻石委员会（Scandinavian Diamond Nomenclature）：

GIA 钻石鉴定报告书封面

北欧的丹麦、瑞典、挪威和芬兰四国于1969年提出了欧洲最早的一套钻石分级术语标准守则，在颜色方面参照了GIA系统以字母为表达，净度上也采纳了净度特征制图方式，因此在欧洲具有一定的影响力。

4. 中国钻石分级制度：1996年国际珠宝玉石质量监督检验中心起草，由国家技术监督局批准，于1997年公布实施钻石分级国家标准。

第二节　各主要机构在成色分级上的比对

<table>
<tr><th>颜色范围</th><th>GIA</th><th>CIBJO</th><th>旧称</th><th>中国</th></tr>
<tr><td rowspan="3">无色
Colorless</td><td>D</td><td>Exceptional White +</td><td rowspan="2">River</td><td>D（100）</td></tr>
<tr><td>E</td><td>Exceptional White</td><td>E（99）</td></tr>
<tr><td>F</td><td>Rare White+</td><td rowspan="2">Top Wesselton</td><td>F（98）</td></tr>
<tr><td rowspan="4">接近无色
Near Colorless</td><td>G</td><td>Rare White</td><td>G（97）</td></tr>
<tr><td>H</td><td>White</td><td>Wesselton</td><td>H（96）</td></tr>
<tr><td>I</td><td rowspan="2">Slightly Tinted White</td><td>Top Crystal</td><td>I（95）</td></tr>
<tr><td>J</td><td>Crystal</td><td>J（94）</td></tr>
</table>

（续表）

<table>
<tr><th>颜色范围</th><th>GIA</th><th>CIBJO</th><th>旧称</th><th>中国</th></tr>
<tr><td rowspan="3">微（黄色）
Faint（Yellow）</td><td>K</td><td rowspan="2">Tinted White</td><td>Top Cape</td><td>K（93）</td></tr>
<tr><td>L</td><td rowspan="3">Cape</td><td>L（92）</td></tr>
<tr><td>M</td><td rowspan="14">Tinted Color</td><td>M（91）</td></tr>
<tr><td rowspan="5">很淡（黄色）
Very Light(Yellow）</td><td>N</td><td>N (90)</td></tr>
<tr><td>O</td><td rowspan="5">Light（Yellow）</td><td></td></tr>
<tr><td>P</td><td></td></tr>
<tr><td>Q</td><td></td></tr>
<tr><td>R</td><td></td></tr>
<tr><td rowspan="8">淡黄色
Light Yellow</td><td>S</td><td></td></tr>
<tr><td>T</td><td rowspan="7">Yellow</td><td></td></tr>
<tr><td>U</td><td></td></tr>
<tr><td>V</td><td></td></tr>
<tr><td>W</td><td></td></tr>
<tr><td>X</td><td></td></tr>
<tr><td>Y</td><td></td></tr>
<tr><td>Z</td><td></td></tr>
</table>

（仅供参考）

第三节 各主要机构在净度分级上的比对

GIA	CIBJO	旧称	中国
FL	LC（Loupe Clean）	LC（Loupe Clean）	LC（Loupe Clean）
IF			
VVS_1	VVS_1	VVS_1	VVS_1
VVS_2	VVS_2	VVS_2	VVS_2
VS_1	VS_1	VS_1	VS_1
VS_2	VS_2	VS_2	VS_2
SI_1	SI_1	SI_1	SI_1
SI_2	SI_2	SI_2	SI_2
I_1	P_1	P_1	P_1
I_2	P_2	P_2	P_2
I_3	P_3	P_3	P_3

（仅供参考）

第四节　世界主要钻石鉴定所简介

当代钻石的买卖已超过百年，约略的分级方法也施行多时，但较完整且系统地核发“鉴定书”者，大概可追溯自1955年GIA开具的《钻石分级报告书》。GIA刻意以“报告书”一词称谓，是不愿被当成对钻石有背书保证的责任。但行业概以钻石证书（Certificate）等名词叙述之。因是第一家对同业核发证书的缘故，GIA证书也享有盛名。在此之前，业内销售机构亦有以A、AA、AAA级作为最高成色标准的。

比利时的HRD则成立于1976年，在欧洲、非洲及亚洲亦享有极高的知名度，其受委托鉴定的钻石数量和GIA等量齐观，故两者在送鉴等待时均得排上数周。

还有IGI，上述3家亦是雷朋博期刊上登录托售钻石时采用的鉴定机构。

瑞士的古宝琳及SSEF的钻石鉴定书除了一般钻石，也广为认定适用于且多用于超大或超珍贵的钻石评鉴。除一般鉴定项目如成色、净度之外，亦会说明该钻石类型、稀有程度，甚至列明产地资讯，普遍受到苏富比与佳士得等国际知名拍卖公司的信任与采用。

除前述机构之外，亦有许多具知名度的钻石鉴定所，而钻石市场对各家评定的“等级”结果，也有不同的看法与接受度。建议读者多做功课，多探听各家鉴定标准的宽松度，因不同证书在买卖上会有价格上的差异，其学问之奥妙只有内行人才能领略了。

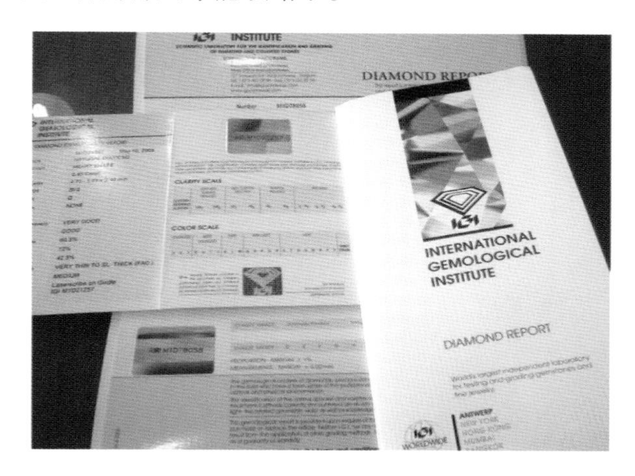

图中的 IGI 鉴定证上贴有腰围激光的照片

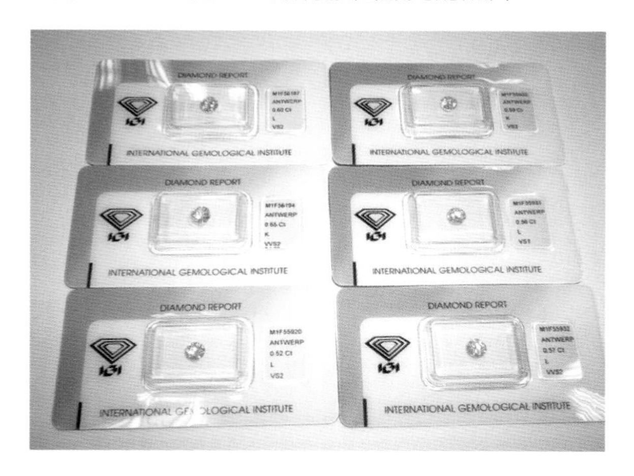

HRD 与 IGI 均强调鉴定过的钻石以膜封住，免生混淆或掉包

APPENDIX

to Diamond Report No. **SPECIMEN**

The diamond of 5.64 ct possesses an antique cutting style which is rarely encountered in the gem trade today. In addition, this diamond is classified as type IIa (a chemically very pure type of natural diamond). It displays a colour and degree of transparency which are particular to the finest of these unique gemstones. Diamonds of this type, exhibiting an antique cutting style as well as a superior quality, are very rare and will most certainly evoke references to the historic term of "Golconda".

Gübelin Gem Lab

Susy Gübelin　　　　Walter A. Balmer

Lucerne,

古宝琳开立之戈尔孔达产地品质证明书
（图片来源：Gübelin Gem Lab）

DIAMANT-BERICHT · RAPPORT DE DIAMANT
DIAMOND REPORT

No.	**SPECIMEN**
Datum · Date	
Gewicht · Poids · Weight	**9.58 ct**
Schliff · Taille · Cut	pear-shape, brilliant cut
Abmessungen · Dimensions · Measurements	18.77 x 12.22 x 7.13 mm
Proportionen · Proportions · Proportions	
- Höhe · Hauteur · Depth	58.3 %
- Tafel · Table · Table	59 %
Rundiste · Rondiste · Girdle	thin to slightly thick, faceted
Kalette · Calette · Culet	small
Politur · Poli · Polish	**good**
Symmetrie · Symétrie · Symmetry	**good**

Innere Merkmale rot eingezeichnet, äussere Merkmale grün. Siehe Legende der Symbole. Caractéristiques internes marquées en rouge, caractéristiques externes en vert. Voir légende. Internal characteristics shown in red, external characteristics in green. See key to symbols.

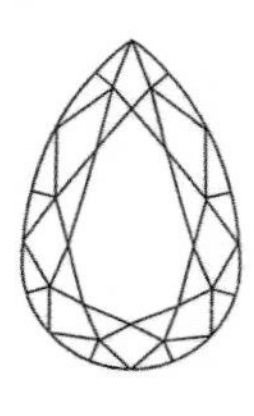

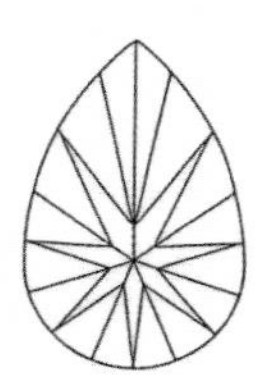

Reinheitsgrad · Degré de pureté · Clarity grade	**IF**
Farbgrad · Degré de couleur · Colour grade	**D**
Fluoreszenz · Fluorescence · Fluorescence	none
Bemerkungen · Commentaires · Comments	**See Appendix.**

GEMMOLOGISCHES LABOR · LABORATOIRE GEMMOLOGIQUE · GEMMOLOGICAL LABORATORY
Maihofstrasse 102 · CH-6000 Lucerne 9 · Switzerland · Tel. (41) 41 - 429 17 17 · Fax (41) 41 - 429 17 34
www.gubelinlab.com · e-mail: gubelinlab@compuserve.com

G. Bosshart, M. Sc. SFIT, G.G.　　　S. Gübelin, G.G.

Wichtige Anmerkungen und Einschränkungen auf der Rückseite · Remarques au verso · Important notes and limitations on the reverse.
Copyright © 1999 Gübelin Gem Lab Ltd.

古宝琳开立之钻石证书

（图片来源： G ü belin Gem Lab ）

SSEF SCHWEIZERISCHES GEMMOLOGISCHES INSTITUT
SSEF INSTITUT SUISSE DE GEMMOLOGIE
SSEF SWISS GEMMOLOGICAL INSTITUTE

Offiziell anerkannt am 27/04/78 von der

CIBJO

INTERNATIONALE VEREINIGUNG SCHMUCK, SILBERWAREN, DIAMANTEN, PERLEN UND STEINE	CONFEDERATION INTERNATIONALE DE LA BIJOUTERIE, JOAILLERIE, ORFEVRERIE, DES DIAMANTS, PERLES ET PIERRES	INTERNATIONAL CONFEDERATION OF JEWELLERY, SILVERWARE, DIAMONDS, PEARLS AND STONES

Diamond Report
Diamant Expertise Nr. CH 12424

SPECIMEN

Carat weight/Gewicht/Poids:	1.048 ct
Colour grade/Farbe/Couleur:	tinted white (L)
Purity grade/Reinheit/Pureté:	VVS 2
Shape and cut/Schliffform/Taille:	round, brilliant
Measurements/Abmessungen/Mesures:	6.56 - 6.73 x 3.78 mm
Proportions/Proportion: Height/Höhe/Haut.	57 % Table/Tafel 44 %
Finish: Symmetry/Symmetrie/Symétrie:	medium
Finish: Polish/Politur/Polissage:	good
Girdle/Rundiste/Rondiste:	thick to medium, bruted
UV-fluorescence/Fluoreszenz:	none
Comments/Bemerkungen/Commentaires:	external characteristics (indicated in green)

This diamond report is based on the Rules of application decided upon by CIBJO up to 1978, in particular on grading with the ten-power aplanatic and achromatic lens and on colour comparison with the CIBJO master diamonds.
The diamond has been tested independently in an absolutely objective way by at least two experts according to the present knowledge in the field of diamond grading.
The report does not make any statement with respect to the monetary value of the diamond.
Only the original report with signature and embossed stamp is a valid identification document. Misuse of this document will be prosecuted.

Diese Diamantexpertise wurde nach den Bestimmungen der CIBJO von 1978 erstellt, unter Verwendung der 10fachen aplanatischen und achromatischen Lupe und der CIBJO-Master stones.
Die Prüfung erfolgte neutral durch mindestens zwei Gutachter, unabhängig voneinander.
Sie entspricht den gegenwärtigen Erkenntnissen auf dem Gebiet der Diamantgraduierung.
Die Expertise äußert sich nicht zum monetären Wert des darin beschriebenen Diamanten.
Nur die mit Originalunterschrift und Prägestempel versehene Diamantexpertise stellt ein gültiges Dokument dar.
Jeder Mißbrauch wird verfolgt.

Cette expertise du diamant a été réalisée selon les prescriptions edictées de la CIBJO en 1978, par l'examen à la loupe aplanétique et achromatique grossissant dix fois et par comparaison aux pierres de référence-CIBJO.
L'examen a été effectué par deux experts au moins, opérant indépendamment l'un de l'autre, en tenant compte des données actuelles dans le domaine de la graduation du diamant.
L'expertise n'exprime aucune appréciation relative à la valeur monétaire du diamant décrit.
Seule, l'expertise du diamant munie de la signature originale et du sceau constitue un document valable.
Tout abus entraine des poursuites judiciaires.

SSEF

Datum 27 April 2007 cg

Unterschrift

Falknerstrasse 9, 4001 Basel, Tel. 0 61/262 06 40, Fax 061 /262 06 41, e-mail: gemlab@ssef.ch homepage: www.ssef.ch

SSEF 开立之钻石证书

（图片来源： Swiss Gemmological Institute）

SCHWEIZERISCHES GEMMOLOGISCHES INSTITUT
INSTITUT SUISSE DE GEMMOLOGIE
SWISS GEMMOLOGICAL INSTITUTE

SSEF

Gemstone Report
Expertise de pierre précieuse
Edelstein-Expertise

SPECIMEN
No. Sample

Weight / Poids / Gewicht	2.046 ct
Cut / Taille / Schliff	octagonal, step cut
Measurements / Dimensions / Masse	7.71 x 7.54 x 4.91 mm
Colour / Couleur / Farbe	purplish red (fancy intense colour)
IDENTIFICATION / IDENTIFIKATION	DIAMOND of natural coloration
Comments / Commentaires / Bemerkungen	The analysed properties confirm the authenticity of its coloration.

Important note

The conclusions on this Gemstone Report reflect our findings at the time it is issued. A gemstone could be modified and / or enhanced at any time. Therefore, the SSEF may reconfirm at any time that a stone is in line with the Gemstone Report.

See other comments on reverse side.

Note importante

Les conclusions de cette expertise reflètent nos résultats au moment de son émission. A tout moment, une pierre précieuse, peut être modifiée et / ou son aspect amélioré. Par conséquent, le SSEF peut à tout moment contrôler la conformité entre la pierre et le certificat.

Voir autres commentaires au dos.

Wichtige Anmerkung

Die Befunde in dieser Edelstein - Expertise beschreiben den Zustand zum Zeitpunkt ihrer Erstellung. Ein Edelstein kann jederzeit verändert und / oder behandelt werden. Deshalb kann die SSEF die Übereinstimmung des Steins mit dem Zertifikat jederzeit nachprüfen.

Beachten Sie die Bemerkungen auf der Rückseite.

magnification 2.0x

SCHWEIZERISCHES GEMMOLOGISCHES INSTITUT
INSTITUT SUISSE DE GEMMOLOGIE
SWISS GEMMOLOGICAL INSTITUTE

SSEF

Basel, 17 July 2000 ss

Dr. M.S. Krzemnicki, FGA　　Prof. Dr. H.A. Hänni, FGA

Falknerstrasse 9 CH-4001 Basel Tel. + 41 (0)61 262 06 40 Fax + 41 (0)61 262 06 41

SSEF 开立之彩钻证书

（图片来源：Swiss Gemmological Institute）

尽信书不如无书

钻石的美是无法用文字或符号完整表达的，鉴定报告书只提供等级的评定结果，方便买卖之间的依循。过度凭借鉴定书往往适得其反，模糊了重点。

即便是再严格、精准的鉴定机构，在不同时间节点下，就同一钻石的分级评定，有时也可能因主观的判定而略有出入。一家鉴定机构的优良与否，除了判定是否符合“标准”之外，其可重复性的高低也是一项指标（如不同时间送交同一钻石鉴定所得相同结果的重复性）。至于各家的标准，如前所述，稍有不同，故选用鉴定报告书前，不妨多加留意。

同业之间经常可直接由鉴定书做成买卖，除了经验丰富之外，主要是因为他们看到的是“钱”，也就是进价与出价间的关系，而对于想买给自己的消费者而言，最重要的仍是钻石本身是否吸引你，数据和文字顶多只是鉴定者的专业意见而已。

致 谢

The authors would like to thank the following individuals and organizations for their valuable guidance, assistance and advice for the book.

谨向下述提供指引、建议及协助机构与人士致谢。

石华燕
庄秋德
华雯娴
朱静昌 教授
李卫 教授
吴佐证
周征宇 教授
陈小龙 教授
陈维立
陈逸骏
顾鸿

蔡世伟
廖宗廷 教授
Prof. Barbara Wheat
Prof. Dietmar Schwarz
Grant Targatt
Prof. Henry A. Hänni
Henry Ho
Ilya Cluev
Jeanette Fiedler
John I. Koivula
Kennedy Ho
Prof. Lore Kiefert
Magilabs Oy(Ltd.)
Martin Rapaport
Prof. Michael S. Krzemnicki
Prof. Richard W. Hughes
Thomas E. Banker